OFFLINE

离 线

NO. 004

离线·机器觉醒

主编 李婷

广西师范大学出版社
· 桂林 ·

离线_Offline | No.004

出品： 离线	Publisher: Offline Creative
主编： 李婷	Editor-in-Chief: Cris Li
高级编辑： 傅丰元	Senior Editor: Bob Fu
编辑： 张英洁 邹熙 林沁	Editors: Neris Zhang Cecily Zou Sophie Lin
营销编辑： 尤君若 周南 张志豪 陈智	Marketing Editor: Scarlett You Nan Zhou Copper Zhang Fabio Chen
平面设计： 杨林青	Graphic Design: Linqing Yang
封面插图： Nenad Cerovi／123RF.COM	Cover Illustration： Nenad Cerovi／123RF.COM
内页插图： Stones Design Lab.	Text Illustration: Stones Design Lab.

联系我们：
邮件：AI@the-offline.com
微信：theoffline
微博：@ 离线offline

战略合作：

GEEKPARK
—— 极 客 公 园 ——

吐槽请扫码

卷
首
语

　　关于"人工智能"的最初起源几乎可以追溯到希腊神话，但真正严肃对待这个词语的时间并不长。1956年，在达特茅斯举办的夏季研讨会上，约翰·麦卡锡（John McCarthy）第一次将"Artificial Intelligence"引入学术研究领域。那次大会上提出的议题有：自然语言处理、神经网络、计算理论、抽象与创新等。3年后，被称作"AI双星"的麦卡锡和马文·明斯基（Marvin Minsky）联合创建了MIT的计算机与人工智能实验室；再三年后，麦卡锡离开MIT加入斯坦福大学，创建斯坦福人工智能实验室。东西海岸顶级学术研究机构的联动，为AI在随后10年的飞速发展奠定了基础。

　　这故事有个挺雄壮的开头，但后续并不尽如人意。政府和研究机构的大举投入并没有收到预期的结果。比如，机器可以完全替代人类的工作，或者人类能制造出和自己智能相当的机器人，这些到现在都没有实现。研究资金随后被切断，人工智能研究开始进入长达20年的漫漫寒冬。1997年，"深蓝"击败国际象棋世界冠军卡斯帕罗夫迎来了人工智能的一次反扑，但没过多久"深蓝"就被拆卸退役。原因不言自明：我们也许还要发明"草绿"来开车，"橙黄"来写邮件。真正的智能机器不应该只会下象棋。它应该像一个人那样，具备一种通用模式来思考和学习，通过语言和认知能力理解这个世界。

　　领域内的专家再次出发，虽然他们也有不同的选择。其中一部分将

"人"看作终极答案，破解了人类智能，机器的智能也将迎刃而解，例如蓝脑计划。另一部分则一步一个脚印，推动着机器从单一向复杂的进化，例如电脑"沃森"。我们可以从前者身上看到浪漫主义与不确定但又鼓舞人心的未来；从后者身上看到效率和路径、现实派的谨慎实干与不折不挠。无论指引他们的精神是什么，最终殊途同归：人工智能的时代一定会来临，我们正在正确的道路上前进。

　　本期专题分为"进化"和"觉醒"两个部分，灵感源自极客公园年度大会的主题。"进化"部分专访了Google工程总监库兹韦尔和百度首席科学家吴恩达，最大限度地满足你对人工智能或近或远的遐想。"觉醒"部分将现实拉回中国的大环境，包括豆瓣阿北、搜狗王小川在内的6位创业者描述了他们眼中的2045年。每一次人工智能的突破，都会带来伦理上的挑战。波斯特洛姆和尤德考斯基，两位人工智能研究者再一次发起道德拷问，带你领略人工智能的黑暗与光明。恒今基金会的长线思维研讨会（SALT）在本期回归。同时回归的还有工具专栏，这期的主题是技术潜水。工具专栏的衍生项目"利器"（liqi.io）已经上线，欢迎关注。

　　最后，感谢极客公园对这一期内容采编的全力支持。

李 婷

《离线》主编

116

德鲁·恩迪
（Drew Endy）
斯坦福大学生物工程学教授。他先后帮助MIT和斯坦福大学创立了生物工程专业，还是DNA公司Gen9的联合创始人，以及国际基因工程机器大赛（iGEM）的联合发起人。

136

denovo
潜水圈人称豆腐，PADI开放水域潜水教练，GUE技术及洞穴潜水员，TDI进阶沉船潜水员，rEvo CCR潜水员。潜水理论及八卦水平远在实战水平之上，网络挖坑无数，其中最负盛名者题为"潜水到底有多危险，及有多少种死法"。她同时还是科幻小说译者，代表译作《神经漫游者》。

146

杰弗里·兰迪斯
（Geoffrey A. Landis）
美国国家航空航天局光电能及太空环境研究专家，"火星探路者"计划的首席电池专家，并参与金星陆地漫游车的研究。他还是著名的硬科幻作家，星云、雨果、轨迹等多项科幻大奖得主。代表作《追赶太阳》（*A Walk in the Sun*）、《火星穿越》（*Mars Crossing*）等。

178

娜奥米·奥尔德曼
（Naomi Alderman）
英国作家和游戏设计师。2006年获得英国橘子文学新锐作家奖（Orange Award for New Writers），她最新出版的小说是《说谎者的福音书》（*The Liars' Gospel*）。她联合创作的《有僵尸，快跑！》（*Zombies, Run!*）是一款颇受玩家欢迎的运动+僵尸生存游戏。

阎佳
职业翻译工作者，主攻通俗经济及科普方向，现已出版多部广受好评的翻译作品。代表译作有《理性乐观派》《无价》《牛奶可乐经济学》《影响力》（经典版）等。热爱攀岩及各种小众运动，抱石能力V3+。

183

人工 artificial

词义： 1）人类制造的，用来替代或模拟天然的东西。如 artificial fertilizer（人造肥料）。

2）人为创造的；不自然的。如 artificial barriers（人为的屏障）。

3）看起来不是真的；假的。如 artificial emotion（人工情感）。

词源： 晚期中古英语，来自拉丁语中的"artificialis"，经由古法语中的"artificiel"传入。拉丁语中的"artificialis"来自"artificium"，意为"手工"（handicraft）；该词由"ars"（art，技术）+"facere"（make，做、制造）合成而来。

智能 intelligence

词义： 1）学习、理解和有逻辑地思考事物的能力；做好一件事的能力。

2）（尤指关于敌对国家的）情报；情报人员。

词源： 晚期中古英语，来自拉丁语中的"intelligentia"，经由古法语传入。拉丁语中的"intelligentia"来自"intelligere"，意为"领会"（understand），由"inter"（between，介于某些事物之间）+"legere"（choose，选择）合成而来。

人工智能 artificial intelligence

"人工智能"一词最早由美国计算机和认知科学家约翰·麦卡锡于1955年提出，他将人工智能定义为"制造智能的机器（特别是计算机程序）的科学和工程"。

技术奇点 technological singularity

技术奇点简称奇点，指机器智能超越人类智能的那个临界点。

● 技术奇点是关于地球生命未来的严肃假说，它是指这样一个时间点：旧的范式被抛弃，我们从此面对一种全新的现实。人类可能会开发出一种超级电脑，它们拥有超过人类的智能；大型计算机网络可能会觉醒；人机交互接口将发展到足够直接的程度，其用户拥有了超人类智能；生物科学可能会发现提高人类智能的方式。

● 在数学中，奇点是函数中无法处理的点。而在物理中，奇点是一个体积无限小、密度无限大、引力无限大、时空曲率无限大的点；在这个点，目前所知的物理定律都不适用。

● 奇点的正确读音是"qí diǎn"，即奇异的点。

赛博格 cyborg

"赛博格"是"机械有机体"（cybernetic organism）的简称，指混合了有机体与机械部件的生物。

● 1960年，两位学者曼弗雷德·克莱恩斯（Manfred Clynes）与内森·克莱恩（Nathan S. Kline）第一次把这个概念引入人们的视野。最初这个概念的提出是为了解决人类在未来星际旅行中面临的难题。为了克服生理机能不足，两位学者提出向人类身体移植辅助的控制装置，增强人类适应外部空间的生存能力。

● 动画《攻壳机动队》中，义体化的女主角素子就是赛博格的一个典型代表。

● 在科幻作家威廉·吉布森（William Gibson）看来，相比科幻里机器和肉体的结合，现实中的赛博格是人类神经系统的延伸，是电影、广播、电视以及我们尚未完全理解的感觉方式的转换。从这个意义上理解，人类早已成为赛博格。

人工智能词典

后人类 posthuman

根据后人类研究者尼克·波斯特洛姆的定义，后人类指在健康寿命、认知能力和情感能力方面，无需借助新的技术手段就能远超当今人类所能达到极限的生命形式。

● 后人类的出现是因为计算机技术、生物基因技术、人工智能等前沿领域的迅速发展，"人类"这一概念的内涵遭遇了前所未有的冲击和挑战。

● 人工智能（AI）试图让机器模拟人类，而后人类是用智能强化（Intelligence Amplification，IA）的手段使人类向机器进化。

🕐 15'

整理
林沁
Neris

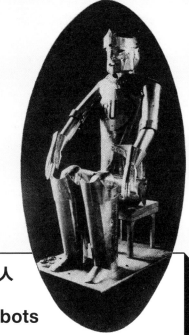

罗素姆万能机器人
Rossum's Universal Robots

罗素姆万能机器人出自捷克著名剧作家卡雷尔·恰佩克（Karel Čapek）创作于1920年的同名剧本，它是剧本中一位名叫罗素姆的哲学家制造出的智能机器人。

● 它的外貌与人类相差无几，并可以自行思考。在剧本中，它被资本家大批生产来充当劳动力。该剧的结局是机器人接管了地球，并毁灭了它们的创造者。

● 恰佩克在作品中首创了"机器人"（robot）一词，这个词源于捷克语的"robota"，意为"苦力"。

机器人三法则 Three Laws of Robotics

机器人三法则是科幻小说家艾萨克·阿西莫夫（Isaac Asimov）在他的机器人相关作品中为机器人设定的行为准则，因此也被称为"阿西莫夫法则"。

● 第一，机器人不得伤害人类，或因不作为使人类受到伤害；第二，除非违背第一法则，机器人必须服从人类的命令；第三，在不违背第一及第二法则的前提下，机器人必须保护自己。

● 1942年，机器人三法则第一次在阿西莫夫的作品短篇小说《转圈圈》（Runaround）中出现，之后有许多科幻作者在作品中引用或改编它们。

● 1985年，阿西莫夫补充了第零法则：机器人必须保护人类的整体利益不受伤害，其他三条法则都是在这一前提下才能成立。

灰色粘质 grey goo

灰色粘质是美国未来学家克莱德·德雷克斯勒（Clyde Drexler）假设的可以无限地自我复制和组装的纳米机器人。

● 德雷克斯勒也是"纳米技术"概念的提出者。1986年，他在一本名为《造物引擎》（Engines of Creation）的书中描述了能够自我复制的纳米尺度机器人。这种机器人可以通过移动单个原子制造出任何人们想要的东西，包括土豆、服装、计算机芯片等任何人造物，而且不必使用传统的制造方式。

● 但是这样一种能够自我复制的机器人也可能会失去控制：如果纳米机器人每秒能复制成两份，它在两天时间内就会布满整个地球。

加速回报定律 Law of Accelerating Returns

加速回报定律认为，技术能力会随时间指数型增长，即每一年的技术能力都比上一年强一倍。

● 该定律的提出者是未来学家雷·库兹韦尔（Ray Kurzweil），因此也被称为"库兹韦尔定律"。

● 基于该定律，库兹韦尔给出的预测是：21世纪20年代中叶，人类将完成对人脑的逆向工程。到20年代末，电脑智能就将比肩人类。因此库兹韦尔预测，奇点将于2045年到来。

● 由于技术呈指数型增长的趋势异常惊人，以至于连库兹韦尔的头脑里也产生了认知阻力。按库兹韦尔的说法，人类并没进化出能理解指数增长的头脑。

● 按照加速回报定律，人类将可能会在21世纪亲历过去20万年的进步史。

梅斯-加罗定律 Maes-Garreau Law

梅斯-加罗定律指出，大多数人认为他们最希望实现的技术将会在他们的有生之年成为现实。

● 依照梅斯-加罗定律可推论，每个人都有他自己的技术奇点。例如有些人渴望获得永生，希望能有一个存在于硬件中的大脑复制体使他们的意志实现永恒。尽管每个人预测的实现时间不同，但是他们都认为这项技术能在他们死之前出现：年轻人会认为60～70年内实现，中年人认为会在40～50年内成为可能。

中文屋论证
Chinese Room Argument

"中文屋论证"是由约翰·塞尔（John Searle）提出的一个有关人工智能的思想实验。与图灵测试的观点不同，它反驳了强人工智能的观点。

● "中文屋论证"假设的情况是，一个对中文一窍不通的人在被关在一间有开口的封闭房间里，房外的人向里递中文写成的问题，房内的人通过查阅手册递出回答。手册会详细说明如何处理、回复收到的中文问题，房内的人只需按照手册的说明，找到合适的指示，就能将中文字符组合成问题的答案。

● 约翰·塞尔认为，尽管房里的人可以让房外的人以为他是中文的母语使用者，但其实他根本不理解中文。因此，正如房中人不可能通过手册理解中文一样，计算机也不可能通过程序来获得理解力。

超人工智能
artificial superintelligence

按照人工智能的实力强弱，人工智能可分为：弱人工智能、强人工智能和超人工智能。

● 弱人工智能，指擅长处理某种单一认知任务的人工智能，比如它擅长国际象棋或抽象数学。这种人工智能看起来像是智能的，但并不真正拥有智能，也不会拥有自主意识。

● 强人工智能，指人类级别的人工智能。它在各个方面的能力都能和人类相媲美，是能够真正进行推理和解决问题，并拥有自主意识的人工智能。

● 超人工智能，是尼克·波斯特洛姆提出的概念，超人工智能"在几乎所有领域都比最聪明的人类大脑聪明很多，包括科学创新、通讯和社交技能"。

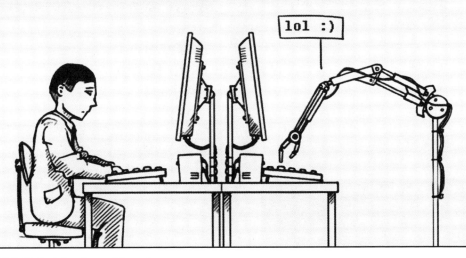

图灵测试 Turing Test

图灵测试是艾伦·图灵（Alan Turing）于1950年提出的一个关于判断机器是否拥有智能的著名试验。

● 图灵测试的内容是：一个人在一间房子里，向另外一间房子里的人或机器提问，但提问者不知道回答问题的是人还是机器；如果这个人根本无法判断出是人还是计算机在回答问题，那么就可以认为计算机通过了测试。

● 2014年，英国雷丁大学宣布一款名叫Eugene Goostman的聊天机器人通过了图灵测试。

● 在电影《银翼杀手》中，用来甄别仿造人与真人的"Voight-Kampff测试"就相当于一种图灵测试。

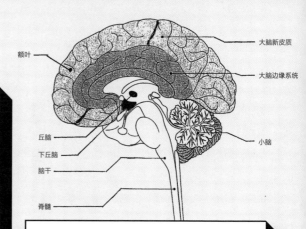

大脑新皮质

大脑边缘系统

额叶

丘脑

下丘脑

脑干

脊髓

小脑

深度学习 deep learning

深度学习是机器学习领域中的一种算法，它能模拟人脑神经元的工作方式，建造机器神经网络。

● 具有深度学习能力的计算机网络能够收集、处理并分析庞大的数据，最终能通过自主学习来实现图像和语音识别等智能行为。

● 虽然该算法基于人工神经科学研究，并应用了许多复杂的数学模型，但是深度学习算法仍是比人脑简单得多的软件，所以有"卡通大脑"之说。

● 2012年，Google大脑团队开发出的人工神经网络利用深度学习算法，通过观看一周YouTube视频自主学会了识别哪些是关于猫的视频。

新皮质层 neocortex

新皮质层是哺乳动物大脑皮层的一部分，厚度为2~4毫米。

● 新皮质层主要管理大脑的高级功能，如感观知觉、运动指令的产生、空间推理、理性思考和语言能力。在一些看起来完全不同的任务之间，可能存在着某种通用的机制能使生物更便捷地掌握它们，而新皮质层就是它的操作主体。

● 若计算机能运用功能类似新皮质层的先进技术，机器将可能更有效率地学习和掌握人类的语言。

沃森 Watson

沃森是能够使用自然语言来回答问题的人工智能系统。

● 沃森共由90台IBM服务器和360个计算机芯片驱动组成，是一个有10台普通冰箱那么大的计算机系统。

● 开发沃森旨在完成一项艰巨挑战：建造一个能与人类回答问题能力匹敌的计算机系统。这要求其具有足够的速度、精确度和置信度，并且能使用人类的自然语言回答问题。

● 在2011年美国的智力竞赛节目《危险边缘》中，沃森成功打败了其他两位史上最成功的选手。

● 沃森的名字是为了纪念IBM的创始人托马斯·J.沃森（Thomas J. Watson）。

蓝脑计划
Blue Brain
Project

蓝脑计划是由瑞士科学家设想的复制人类大脑的计划。

● 该计划是在IBM拥有的超级计算机"蓝色基因"（Blue Gene）的构思基础上，试图利用超级计算机的高速度来模拟人类大脑的多种功能，比如认知、感觉、记忆等。

● 它的目标是理解并模拟出整个人脑的神经元活动情况，借此了解现实世界为我们带来的感官信息如何破译并储存到人脑中，从而揭开人类意识产生之谜。

● 2007年底，研究小组宣布他们成功模拟出小鼠大脑皮质柱。

参考资料：
How the brain might work, Dileep George.
The Pattern On The Stone, Daniel Hillis.
Technological Singularity, Vernor Vinge.
What is Artificial Intelligence, John McCarthy.
Googling the Cyborg, William Gibson.
Minds, Brains and Programs, John Searle

哈尔9000 HAL 9000

哈尔9000是英国小说家亚瑟·克拉克（Arthur C. Clarke）的小说《太空漫游》（*Space Odyssey*）中出现的一部拥有强人工智能的超级电脑。

● 在小说中它是先进科技的代表。首先，哈尔9000拥有人工智能，它可以模仿人类的思考程序，运行迅速且精准；第二，没人能完全了解它的内部运行——即使是它的设计者也不例外。当哈尔9000开始脱离它本来设定的程序自行运算时，这正好是一个质疑科技发展的例子——许多人都很害怕随着科技越来越先进，也许有一天人类所创出的新科技产品会突然无预期地反扑人类。

● 有人认为HAL的名字暗地里讽刺了IBM，因为H、A、L恰好分别是I、B、M的前一个字母。但亚瑟·克拉克和《2001太空漫游》的导演斯坦利·库布里克（Stanley Kubrik）都否认了这样的说法。

哥德尔不完备性定理 Gödel's incompleteness theorem

哥德尔不完备性定理是库尔特·哥德尔（Kurt Gödel）于1931年证明发表的定理：在任何一个足以表达算数的完备数学系统中，必定存在既不能证明为真又不能证明为假的命题。

● 哥德尔不完备性定理一举粉碎了数学家两千年来的信念。他告诉我们，真与可证是两个概念。可证的一定是真的，但真的不一定可证。

● 有些数学家和哲学家认为该定理似乎带有一些几乎是神秘的特性，甚至证明了人的直觉在某种程度上超越了人工智能的能力。

● 但实际上哥德尔的不完备性定理并未提出什么理由可以使人相信：有任何数学命题，数学家能证明，而计算机不能证明。即不可计算的问题，人同样无法计算。人并不比计算机更有作为。

图灵机 Turing machine

图灵机是英国数学家艾伦·图灵于1936年设想出的一种抽象计算模型，图灵认为这台机器能模拟人类所能进行的任何计算过程。

● 图灵把用纸笔进行数学运算的过程看作下列两种简单的动作：
　① 在纸上写上或擦除某个符号；
　② 把注意力从纸的一个位置移动到另一个位置。

● 而在每个阶段，人要决定下一步的动作，依赖于：
　① 此人当前所关注的纸上某个位置的符号；
　② 此人当前思维的状态。

● 为了模拟人的这种运算过程，图灵构造出一台假想的机器，该机器由以下几个部分组成：
　① 一条无限长的纸带。纸带被划分为一个接一个的小格子，每个格子上包含一个来自有限字母表的符号。纸带上的格子从左到右依次被编号为0，1，2，……，纸带的右端可以无限伸展。
　② 一个读写头。该读写头可以在纸带上左右移动，它能读出当前所指的格子上的符号，并能改变当前格子上的符号。
　③ 一个状态寄存器。用来保存图灵机当前所处的状态。
　④ 一套控制规则。它根据当前机器所处的状态以及当前读写头所指的格子上的符号来确定读写头下一步的动作，并改变状态寄存器的值，令机器进入一个新的状态。

● 这个机器的每一部分都是有限的，但它有一个潜在的无限长的纸带，因此这种机器只是一个理想的设备。

参考资料：
Why I Want to be a Posthuman When I Grow Up, Nick Bostrom.
The Singularity Is Near, Ray Kurzweil.
Superintelligence, Nick Bostrom.
Oxford Dictionary.
Computing Machinery and Intelligence, Alan Turing

进化

进化通常是生物学意义上的。当它第一次被用到机器身上，人类敏感的神经就被警醒。这是非常狭隘的。

这不是谁的金句，是读完库兹韦尔的著作，我感受到的这个人身上的冷静和冷酷。从诞生之日起，人类接受着来自内部与外部的考验，他自我学习、进化，有了今天的繁荣。而机器还在他生命的初期，他会拥有自己的智能，也许是类人的也许不是。我们可以假设机器反攻人类的黑暗未来，但不能因此评判这样的智能不具备存在的合理性，仅仅因为是人类"创造"了他。

虽然对外这位Google工程总监对自己的工作细节讳莫如深，但他不止一次提及，拉里·佩奇是因为拜读了《如何创造思维》才决定邀请他加入。而他们的友谊开始于更早之前他们对于能源的相似看法：太阳能的应用将在未来呈"指数型增长"。

这就是库兹韦尔的兴奋点，奇点理论只是这个点上的一个末梢。机器要怎样进化才能赶上人类的步伐？指数型的增长，在你能想到的所有领域。电路、处理器、机器性能，这些我们已经经历了甚至超越了。接下来就是语言与认知、思维模式、学习与搜索，最后是智能爆炸。奇点只是机器进化的一个必然结果。跨越它，才会迎来真正的未知。从这个意义上来看，库兹韦尔是个真正的未来学家。他在想象可能没有人类的未来。

这样的未来不知道会不会让你兴奋。

李婷

《离线》主编

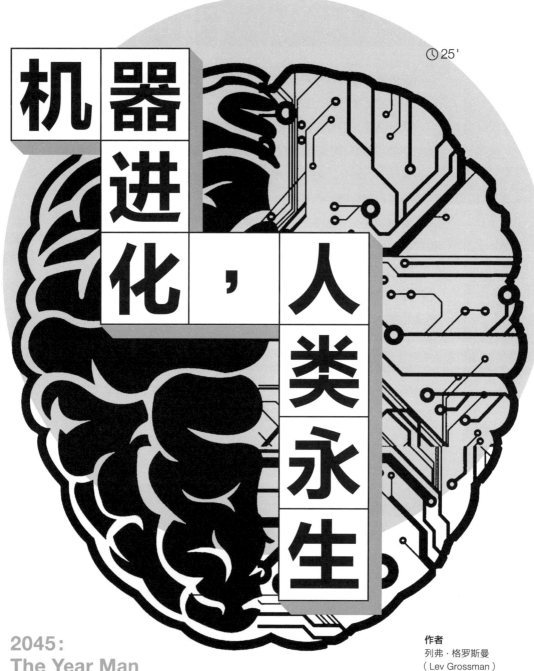

⏱25'

机器进化，人类永生

2045:
The Year Man
Becomes
Immortal

作者
列弗·格罗斯曼
（Lev Grossman）

译者
Lain

1 965年2月15日，一档名为"我有一个秘密"（I've Got a Secret）的电视游戏节目迎来了一位名叫雷蒙德·库兹韦尔（Raymond Kurzweil）的高中生嘉宾。他模样青涩，但镇定自若。在主持人史蒂夫·艾伦（Steve Allen）简短介绍后，库兹韦尔在钢琴旁坐下，演奏了一小段音乐。按照这个节目的游戏规则，库兹韦尔保守着一个秘密，而现场的解密小组——由一位喜剧演员和一位前美国小姐组成——必须猜出这个秘密是什么。

在节目上，选美皇后的连环盘问让库兹韦尔一时难以招架，然而最终却是喜剧演员猜中了答案：原来刚才那段音乐是计算机创作的。库兹韦尔为此得到了200美元。

随后，库兹韦尔向大家展示了一台自己建造的计算机——它同一张书桌差不多大小，上面装着嗒嗒作响的继电器，还连着一台打字机。解密小组对这台机器无动于衷，与之相比，他们对库兹韦尔的年龄更感兴趣。大家的注意力很快就转移到了来自加利福尼亚州的切斯特·洛妮太太身上，她保守的秘密是：她曾是总统林登·约翰逊（Lyndon B. Johnson）的小学一年级老师。

谁也不会想到，库兹韦尔在此后大部分的职业生涯中，都在继续探索他这场演示背后的深层意义。艺术创作作为一种自我表达，是只有人类才能进行的活动。理论上说，如果你没有"自我"，是无法进行艺术创作的。但一台由17岁的少年建造出的计算机，竟然越界进入了人类独有的创作领域。这意味着，有机智能和人工智能之间那条原本清晰的界线，开始变得模糊了。

而这才是雷蒙德·库兹韦尔真正的秘密。回溯到1965年，并没有人猜中答案，也许当时连他本人也没考虑到这一点。但在50年后的今天，库兹韦尔确信，人类正在进入计算机拥有智能的时代，而且这种智能将远远超越人类的智能。当那一时刻到来的时候，人类——我们的身体、心灵和文明——将迎来彻底而不可逆转的改变。库兹韦尔相信，这一时刻的来临不仅无可避免，而且已迫在眉睫。根据他的计算，我们目前所拥有的人类文明，大约会在30年后宣告终结。

众所周知，计算机变得越来越快，而且发展的速度本身也在加快，即发展的加速度也在不断增长。

果真如此吗? 千真万确。

如果计算机继续变快，快到令人难以置信的地步，可以想象总有一天它们将达到比肩人类智能的高度——真正的人工智能便出现了。等到这些计算机产生出自我意识，它们将能够效仿人脑擅长的任何事情——无论是速算、谱写钢琴曲，还是驾驶汽车、写书、做伦理决策、欣赏画作，甚至在鸡尾酒会上察言观色。

如果你能接受这个理念，而库兹韦尔和其他聪明人也都能接受，那么接下来要发生的事情就没有什么悬念了。从这一理念出发，计算机无疑会越来越强，它们将不断发展，直到拥有远远超越人类的智能。计算机发展的加速度也将飙升——因为它们可以将控制自身发展的权力从思维缓慢的人类创造者手中接过来。想象一位计算机科学家本身就是一台超级智能计算机，那么这台机器将会快到不可思议。它将不费吹灰之力处理海量数据，期间也根本不需要玩手机游戏来放松大脑。

未来真的就是这样了吗? 也许吧。这些聪明过人的智能体有朝一日将与人类共享地球，想要预测它们的行为，无异于痴人说梦，除非你和它们一样聪明。然而现在已经有很多的预测理论: 我们可能会与计算机融合变成拥有超级智能的赛博格，利用计算机扩展我们的智能，就如同依靠汽车和飞机扩展我们的体能一样。也许人工智能将帮助我们克服衰老，并让我们的寿命无限延长。也许我们能将意识扫描进计算机，如软件一样以虚拟的形态永驻其中。也许计算机会向人类发动攻击，并将我们全部消灭。所有这些理论都有一个共同点: 人类将会经历一次转变，成为与现在截然不同的某种状态。这一转变被称为: 奇点。

理解奇点最困难的地方在于，虽然它听起来像是科幻小说，但实际并非如此，它的科幻程度还不及天气预报。奇点并不是什么边缘理论，它是关于地球生命未来的严肃假说。每当人们听说具有超级智能并长生不老的赛博格等想法时，总会理智地产生抗拒，但请你稍安勿躁。因为奇点理论虽然乍看起来荒谬可笑，但的确经得起冷静、细致的推敲。

人们花费了大量的资金试图理解奇点。由NASA创办的奇点大学（Singularity University）已有7岁了，它为研究生和企业主管提供跨学科的研究课程。Google是奇点大学的发起者之一，公司总裁兼联合创始人拉里·佩奇（Larry Page）2010年曾在奇点大学发表演讲。价值观上的冲击使人们被奇点理论吸引，就如同观看一场充满智慧的怪异表演，但每个人都在保持观望，因为奇点所引发的状况可能会超出人们的预期。如果奇点成真，那么它将成为继语言发明以来人类所遭遇的最重大的事件。

奇点并不是一个全新的理念，只是较为新奇而已。1965年，英国数学家I. J.古德（I. J. Good）就曾描述过"智能爆炸"（intelligence explosion）的想法。

让我们把"超级智能机器"（ultraintelligent machine）定义为"远远超出人类全部智力活动范围的机器"。既然机器设计本身也是智力活动，那么一台超级智能机器就可以设计出更为智能的机器；这样一来，在某个时刻毫无疑问会出现"智能爆炸"，而人类的智能将远远地落在后面。因此，第一台超级智能机器，将是人类最后的发明。

奇点这个词来自于天体物理学，它是指时空中所有普通物理规则都无法适用的一个点，比如黑洞的内部。20世纪80年代，科幻小说家弗诺·文奇（Vernor Vinge）将这个词与古德的智能爆炸联系了起来。1993年，在NASA的一次研讨会上，文奇宣称"30年内，我们将掌握创造出超人智能的技术。之后不久，人类时代就将终结"。

当时的库兹韦尔也在思考着奇点理论。参加完"我有一个秘密"节目后，库兹韦尔一直在忙碌，以工程师和发明家的身份赚了不少钱。还在麻省理工的时候，他就创办了他的第一家软件公司，后来又转手卖掉。后来，他建造了第一台专为盲人设计、可以将印刷文字转换为语音的阅读机，美国盲人歌手史蒂维·旺德（Stevie Wonder）是他的第一位客户。他在音乐合成器、语音识别等众多技术领域都有发明，拥有至少39项专利和20个荣誉博士学位。1999年，比尔·克林顿将美国国家技术奖章授予了他。

然而库兹韦尔还有一重身份，那就是未来学家。几十年来，他不断思考着人类和机器的未来，并将这些思考集结成书。《奇点临近》（*The Singularity Is Near*）在2005年一面市便登上了最畅销书的排行。有库兹韦尔、托尼·罗宾斯（Tony Robbins）和阿兰·德肖维茨（Alan Dershowitz）等人入镜的同名纪录片也在同年一月上映。（库兹韦尔已是两部当代纪录片的主角，另一部没得到他本人太多认同，但信息量更大的纪录片名为《卓越的人类》。）比尔·盖茨曾称赞库兹韦尔是"我所知道的能预测人工智能未来的最佳人选"。

现实生活中，这位卓越人物并不起眼，书呆子长相几乎可以假扮伍迪·艾伦（Woody Allen）的亲兄弟。库兹韦尔在纽约皇后区长大，从他的讲话中仍能听出当地的口音。六十多岁的他每年要发表60场公众演讲。他的声音柔和，有着镇定人心的冷静。作为奇点理论最引人注目的拥护者，库兹韦尔听到过各种各样的提问，并曾无数次面对人们的质疑。他保持着温文尔雅的态度，回答这些问题时总是带着些许歉意：我也希望能为您呈现一个不那么刺激的未来，但是那些数字告诉我的就是这样，我还能告诉您些什么呢？

库兹韦尔对人类赛博格命运的兴趣始于1980年，最初也是出于实用的目的。当时的他想要找到测量和追踪技术发展速度的方法。因为如果过于超前，最伟大的发明也会遭到冷遇，所以库兹韦尔希望能在最恰当的时候公布自己的发明。"即便是在最恰当的时候，技术依然在飞速发展。当你的项目完成时，世界又已经不同了，"库兹韦尔说，"这就像是射飞碟——你不能瞄准目标开枪。"他自然也知道摩尔定律，该定律指出，微芯片上的晶体管数量每两年就会翻一番。这是一条异常可靠的经验法则。库兹韦尔想要绘出一条不太一样的曲线，即1 000美元能购买到的计算能力随时间的变化情况，计算能力则以每秒能处理上百万条指令（MIPS）的数量来衡量。

结果显示，库兹韦尔得到的数据与摩尔定律极为相似，二者都是每两年翻一番。在绘出的图表上，二者皆为指数曲线，以二的指数倍在增长，而非规则的线性增长。当库兹韦尔将时间向前延伸至晶体管计算技术还未出现的20世纪初，也就是使用继电器和电子管的时代，曲线依然保持着可怕的稳定。

库兹韦尔随后考察了一系列其他关键的技术指标，如晶体管制造成本下降、微处理器时钟频率增高以及动态RAM价格暴跌。他甚至还观望了生物技术等领域的发展趋势，如DNA测序和无线数据服务成本的下降和互联网主机与纳米技术专利数量的增加。在这些发展趋势中，库兹韦尔反复发现一个相同的规律：呈指数上升的加速发展。"这些轨迹线上升的平滑程度真是让人不可思议，"他说，"并且在任何时期都一样，无论是战争还是和平、经济繁荣还是低迷。"库兹韦尔将这一规律命名为"加速回报定律"：技术是以指数方式加速发展的，而非线性。

当库兹韦尔将这些曲线延伸至未来时，它们预测出的发展趋势异常惊人，以至于就连库兹韦尔的头脑里也产生了认知阻力。指数曲线以缓慢爬坡开始，之后便如火箭般直冲云霄，趋向无穷。按库兹韦尔的说法，人类并没有进化出能理解指数增长的头脑。"这已经脱离了直觉的范畴。我们与生俱来的预测方式都是线性的。当人类祖先试图躲避天敌时，通常会对它在之后20秒内的行进路线和自身的应对方式作出线性的预测。这种预测方式实际上是固化于人脑中的。"

指数曲线告诉库兹韦尔的预测是：21世纪20年代中叶，人类将完成对人脑的逆向工程。到20年代末，计算机智能就将比肩人类。因此库兹韦尔保守地预测，奇点将于2045年到来。考虑到计算能力的极大提升和成本的急遽降低，他预计，到那一年，由人类创造出的人工智能的总和，将是现存人类智能总和的10亿倍。

奇点不仅仅是一个概念，它吸引了许多人，在他们之间形成了无形的纽带。对奇点感兴趣的人们构成了一种亚文化运动，库兹韦尔称之为共同体。当你决定认真对待奇点这个概念时，你会发现自己已经进入了一个由思想者组成的小圈子。这些志趣相投的人生活在世界各地，被称为奇点主义者。

并非所有的奇点主义者都支持库兹韦尔的观点。关于奇点的含义以及奇点将于何时、以怎样的方式发生甚至会不会发生这些问题，在奇点主义者之间存在着相当大的分歧。但这群人共享着同一种世界观：他们在很长的时间跨度上思考问题，相信技术改变历史的能力，对世俗智慧不感兴趣；他们无法理解人们还在过着白天为一些俗事奔波，晚上回家看看电视的日子，好像并不在乎即将到来的人工智能革命将要彻底改变一切。他们并不畏惧乍看荒诞的理念，认为一般人对于荒诞理念的厌恶不过是非理性偏见的例证，而奇点主义者与非理性毫无交集。当你进入他们的思维空间，你会经历一种极为倾斜的世界观。一把本体论的大剪刀将奇点主义者与普通人截然分开，奇点主义者渴望的是动荡。

除了库兹韦尔参与创办的奇点大学外，还有一所位于旧金山的人工智能奇点研究所（Singularity Institute for Artificial Intelligence）。PayPal的前CEO和Facebook的早期投资者彼得·蒂尔（Peter Thiel）是该研究所的顾问之一。该研究所每年都会举办一次"奇点峰会"（库兹韦尔也是这个会议的联合发起者）。由于奇点理论高度的跨学科性，峰会吸引了来自不同学科领域的人。人工智能是峰会的重头戏，但会议也关注包括遗传和纳米技术在内的其他领域的飞速发展。

2010年的奇点峰会在八月的旧金山举行，与会者除了计算机科学家外，还有心理学家、神经科学家、纳米技术科学家、分子生物学家、一位可穿戴设备方面的专家、一位急救医学教授、一位研究灰鹦鹉认知的专家以及职业魔术师兼反伪科学斗士詹姆斯·兰迪（James "the Amazing" Randi）。会场氛围相当奇特，混合了达沃斯论坛和飞碟大会的特色："海上家园"（seasteading）的支持者们在会场散发宣传册，号召人们在公海上建立政治自主的漂浮社区

（目前大部分尝试还停留在理论阶段）；在会场的一个角落里，一个机器人在与它的参观者们闲谈。

2010年的奇点峰会谈论最多的议题是人工智能，其次便是寿命延长。被大多数人视为永恒不可违抗的生物局限，在奇点主义者眼里只是一个虽然棘手但仍可解决的难题。死亡便是这样一个难题。变老就像其他任何疾病一样，想想你是如何对待疾病的？对，治疗。就像奇点主义的许多观点一样，这个想法初看起来显得非常可笑，但随着你进一步思考，它就变得没那么滑稽了。这并不是痴心妄想，科学研究正在真真切切地推动它的实现。

例如，众所周知，衰老所导致的生理退化与染色体末端的DNA片段——端粒——有关。细胞每分裂一次，它的端粒便缩短一些，当细胞的端粒耗尽时，便无法再进行复制，就会死亡。然而，有一种叫做端粒酶的酶类可以逆转这个过程。癌细胞之所以能存活那么久，其中便有端粒酶的作用。既然如此，为什么不尝试用端粒酶来治疗普通的非癌细胞呢？2011年的11月，哈佛医学院的研究者们在《自然》杂志上发文，宣布已经成功实现这一过程。他们在一组出现老年性生理退化的老鼠身上实施了端粒酶疗法，结果发现，与老化有关的损伤消失了，老鼠不仅表现出更佳的生理状态，而且还变年轻了。

奥布里·德格雷（Aubrey de Grey）是一位在全球享有声誉的延寿研究专家，同时也是奇点峰会的资深会员。这位蓄着浓密胡子、拥有剑桥博士学位的英国生物学家运作着一个叫做SENS（Strategies for Engineered Negligible Senescence）的基金会。德格雷将衰老视为一个累积伤害的过程，他将这些伤害划分为七大类，并希望有朝一日能用再生医学去修复每一种伤害。"人们已经逐渐认识到，将衰老视为宇宙热寂一般不可改变的观点很荒谬可笑，"他说，"这种想法太幼稚。人体是一个拥有多种功能的机器，正常功能的副作用所致的各种伤害都在其中累积。因此，大体上，伤害都能够得到定期的修复，这和修复古董车是一个道理。其实就看问题是否能引起重视。医学常常是这样，在你弄明白如何修复之前，任何损伤看起来都像是无可避免的。"

库兹韦尔也很重视生命延长技术。他的父亲在58岁时死于心脏病，父子俩曾经非常亲密。库兹韦尔遗传了父亲的易病倾向，在35岁时患上了Ⅱ型糖尿病。他和一位研究长寿药物的医生特里·格罗斯曼（Terry Grossman）合作，出版了两本介绍自己延寿方法的书，方法包括每天服用将近200片药和其他补充剂。库兹韦尔表示，他的糖尿病已经基本治愈，尽管已是67岁高龄，据他估计，自己的生理年龄要年轻约20岁。

不过库兹韦尔的目标与德格雷稍微有些不同。库兹韦尔所看重的并不是尽可能久地保持健康，而是要活到奇点到来的时刻。拥有了超级智能同时又配备了先进纳米技术的人工智能一旦崛起，一定可以解决与人类衰老有关的极为复杂的系统性问题。又或者，人类到那时已经可以把思维转移到如计算机和机器人一样更为坚固的容器里。包括库兹韦尔在内的很多奇点主义者都认真对待这一观点：许多现存的人类最后将成为功能上不朽的存在。

这是一个既古老又激进的理念。在《驶向拜占庭》（*Sailing to Byzantium*）中，诗人叶芝（W. B. Yeats）描绘了一个拘禁于垂死肉身的灵魂。为何不摆脱肉体，转而依附于不朽的机器呢？但库兹韦尔发现，与他的指数发展曲线相比，延寿理念在听众那里激发了更大的认知阻力。"人们能够接受计算机变得比人脑更智能，"他说，"但对人类的寿命将被显著延长这一理念，却格外有争议。为了能够释然面对生与死，人们在某些哲学上投入了大量精力。我是说，这也是我们需要宗教的主要原因。"

当然，在很多人眼里，奇点理论整个就是胡说八道，一个不啻于虚幻的痴心妄想，硅谷版的福音故事，由某个编造离奇学说来骗钱的人提出，并以伪科学支撑的弥天大谎。但大多数严肃的批评者所关注的焦点问题是：计算机真的能产生智能吗？

人工智能或称AI的整个领域都在致力于解答这个问题。然而目前的人工智能还无法产生出类人的智能，甚至连电影中出现的对话式计算机——如哈尔、C3P0或Data——都无法实现。实际应用中的AI一般只能掌握某个高度特定化的技能，如解释搜索词条或是下象棋。它们需要在某个极其特定的参照框架下运行。它们无法在聚会上谈笑风生，只有在一种极为狭隘的定义下，它们才能算得上智能。而库兹韦尔所谈论的那种被称为强人工智能或通用人工智能的智能机器，目前还不存在。

为什么呢？显然我们都在翘首盼望着那种指数型发展的计算能力降临。但下面这种情况也是有可能发生的，即无论计算机的计算能力如何飙升，人脑中的某些东西就是无法被电子复制。被我们称为人类意识的短暂混沌现象背后的神经化学架构，可能复杂到无法在数字化的硅元件上实现模拟和复制。在2010年夏天的奇点峰会上，生物学家丹尼斯·布雷（Dennis Bray）是为数不多的对超级智能持有异议的参会者，他在题为"细胞能做哪些机器人无法完成的工作"的演讲中这样说道："尽管生物组件的运作方式与电路之间存在一定的可比性，但是前者拥有大量多样化的状态。多重生化过程令蛋白质分子产生不同的化学改质，通过进一步与定位在细胞某一区间的独特结构结合，这些化学改质进一步多样化。状态的组合激增，赋予了生命系统能够存储过去和当下各种条件信息的无穷能力，以及为将来事件做好准备的独特能力。"与这些复杂的过程相比，计算机所用的0与1数字模拟系统看起来相当粗糙。

在这些实践挑战的背后，还有许多哲学难题。假设我们真的创造出一台言行举止完全与人类相同的计算机——换句话说，一台可以通过图灵测试的计算机（这样说可能不严谨，但这样的计算机应当能在盲测中冒充人类），那么是否可以说这台计算机具备与人类一样的感知觉呢？还是说，它只不过是一台极其复杂但缺乏神秘意识火花的自动机械，一台没有灵魂的机器？而我们又如何判断呢？

即使同意了奇点理论的合理性，你仍然要面对一堆错综复杂又无法解答的问题。如果我将自己的意识扫描进一台计算机，那我还是我吗？奇点的地缘政治学和社会经济学会是什么样？谁来决定让谁得到不朽？谁来划定有觉知与无觉知之间的界限？如果人类变得不朽，全知全能，那我们的生活还有意义吗？战胜了死亡，会让我们失去基本的人性吗？

库兹韦尔承认，奇点所带来的基本等级的风险无法排除，理由很简单——我们无从猜测那种高度先进的人工智能在意识到自身是地球上的新生居民时，会选择做什么。它可能并不会与我们争夺资源。奇点研究所的目标之一，就是确保人工智能在得到发展的同时，还能对人类保持友善。你不必成为一个超级智能机械人也能想明白，将某种更高级的生命形式引入自身的生物圈，是一个基本的达尔文式失误。

如果奇点必将来临，无论我们乐意与否，这些问题的答案都将一一浮出水面。库兹韦尔认为，试图通过禁止科学技术的发展来推迟奇点的到来不仅绝无可能，而且不道德，同时可能很危险。"实行这样的禁令需要一个极权主义系统，"他说，"但就算禁止也没有用。这将迫使这些技术转入地下，而我们所倚仗的那些有责任心的科学家，将无法得到必要的工具来为人类建立奇点防御系统。"

库兹韦尔是一个有着超凡耐心，同时思维缜密的辩论者。他乐在其中，不知疲倦地对批评者穷追不舍，以便细致入微地对每一条批评做出回应。

拿"计算机能否复制有机大脑的生化复杂性"这个问题来说吧。库兹韦尔认为，这根本没有争论的必要。在他眼里，血肉和硅元素之间并不存在本质的区别，后者完全可以产生思维。对于一些生物学家所提出的观点——认为存在着一种无法被建模，或具有计算机软件无法与之匹敌的能力和灵活性的神经机制——库兹韦尔也给予了否认。他拒绝臣服于人脑的奥秘。"一般来说，"他表示，"我和批评者们争论的核心在于，他们会说，哦，库兹韦尔低估了人脑逆向工程的复杂性，或是生物学的复杂性。但我相信自己并没有低估这个挑战的难度。我认为是他们低估了指数型发展的力量。"

这样的立场并没有让库兹韦尔成为一个异类，至少在奇点主义者之中不是。他们中许多人的预测有过之而无不及。2005年，神经科学家亨利·马克拉姆（Henry Markram）在瑞士洛桑联邦理工学院的脑和心智研究所（Brain Mind Institute of the Ecole Polytechnique）开始了一项野心勃勃的计划。这项被称为蓝脑工程（The Blue Brain）的计划试图用IBM的蓝色基因超级计算机创造一个对哺乳动物大脑的数字模拟，复制到每一个神经元。到目前为止，马克拉姆的研究团队已经设法模拟出了大鼠大脑皮层中的一个单元，其中包含了一万个神经元。马克拉姆曾表示，他希望能在10年之内模拟出一个运行正常的完整人脑。（库兹韦尔对此说法嗤之以鼻。他指出，如果这真的能实现，那么人们还得对这颗"大脑"进行教育，谁知道这究竟要花多长时间？）

按照奇点的定义，凭我们线性、化学的动物大脑根本无法理解奇点之后的未来，但库兹韦尔不断在用理论向我们描绘这个未来。他积极鞭策自己更加前卫地去思考，同时对抗着老化的身体器官给自己带来的局限。"当人们理解了持续的指数增长所蕴含的意义时，会变得越来越难以接受，"他说道，"所以你要找那些真正接受这一理念的人，他们也认同'没错，事物正在呈指数型发展'，然而到了某个时刻他们可能也会离你而去，因为这种发展的意义实在是匪夷所思。我也一直在鼓励自己去认真对待。"

在库兹韦尔描绘的未来里，生物技术和纳米技术赋予了我们在分子层面改造我们的身体和周围世界的能力。技术超速进步，每个小时都有相当于过去一个世纪所取得的科学突破出现。我们丢弃了达尔文的理论，开始掌控自身的进化。人类基因是大段需要测试和优化的代码，必要时甚至可以删掉重写。长生不老成为现实，除非人们自己选择去死。人类彻底征服了死亡。库兹韦尔甚至希望自己逝去的父亲得到重生。

我们能将意识扫描进计算机，进入一个虚拟的存在，或将身体置换成不朽的机器人，前往太空边缘，成为银河间的神祇。大约在几个世纪内，人类的智能将被重新设计，渗入宇宙万物。库兹韦尔相信，这是人类作为一个种族的最终命运。

或者并不一定。当那些难题得到解决之后，在计算机一片黑暗的硅脑深处，将发生大量隐秘的活动，这些活动要么一点一滴地浇灌出拥有意识的心智，要么就仍是无感知状态的更出色、更强大的迭代。

然而，一些稍小点的问题早已有了明确的答案，它们就围绕在我们周围，暴露在众目睽睽之下。对奇点理论思考得越多，就越发觉它无处不在，从你意想不到的角度探出头来。10年前，我们并没有一个可供13亿人社交的电子网络，现在我们有了Facebook；10年前，你不会看到人们边走路边说话，同时与手持的联网设备确认所说的话和要去的地方，现在我们有了iPhone。现在，如果把iPhone从你的手中拿走，然后将它放进你的头骨里，这个过程还是那么无法想象吗？

3万名帕金森氏症患者接受了神经植入；Google正在试验无人驾驶汽车；在阿富汗，有超过2 000台机器人在与人类士兵并肩作战。名为沃森的IBM超级计算机成为智力竞赛的冠军，并且打败了两位前人类冠军。沃森在90台服务器上运行，这些服务器足足占据了一整个房间。沃森不仅答对了每一道题，更重要的是，它不需要帮助就能理解用通俗英语表述的问题（严格意义上说是答案）。沃森并不是强人工智能，然而如果强人工智能能够实现，也会是一步步累积的结果，而沃森正是这其中的一步。

100年以后，库兹韦尔、德格雷还有其他一些人将是探索22世纪那个终极答案的元老级人物。与普通元老不同的是，他们将活着见证荣誉。又或者他们的理念会被认为可笑过时，陈旧得如同迪士尼的明日乐园。没有什么比未来喜新厌旧的速度更快。

然而，即使他们对未来的预测都大错特错，至少他们猜对了当下。他们的思考着眼于长远和全局。你也许反对奇点主义者共同纲领里的每一篇具体文章，但你不能不钦佩库兹韦尔认真对待未来的态度。变化真实存在，人类正在掌控自身的命运，奇点主义正是建立在这些理念之上。库兹韦尔常举这样一个例子：相比40年前他在MIT时用的计算机，现在的普通手机大小不及它的百万分之一，价格也不到百万分之一，而功能却强大了上千倍。40年的时光过后，世界又会是什么样子？如果你真的想知道，就一定要远离寻常思维，或是以前人所不及的深度，去探索黑匣子里的奥秘。

库兹韦尔的理智与疯狂

⏱ 10'

记者
Cris

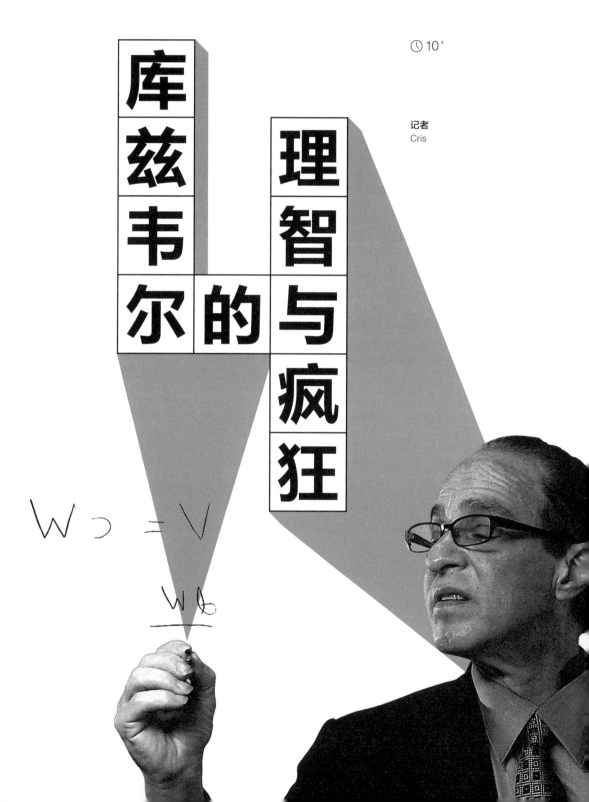

对库兹韦尔来说，一切都是模式 —— 变化规律、自我重复的过程。音乐是，计算机是，大脑是，生命也是。他在2004年的著作《神奇之旅》（*Fantastic Voyage: Live Long Enough to Live Forever*）中解析了生命的模式，并预言衰老并非不可避免，长寿的极点就是永生。要抵达那个点，必须跨越三个阶段。第一阶段是通过饮食、运动与现有医疗技术对抗衰老，维持健康；第二阶段是对基因和细胞的诊断、改造和治疗，让人们远离衰老造成的疾病；第三阶段是纳米技术革命，纳米机器人将成为人体免疫系统的终极守护者。这就是库兹韦尔所描述的"通往永生的三座桥"。10年过去了，我们想知道他对于生命的模式探索有无进展，所以这次对话就从永生谈起。

以下内容经过编辑整理。

您在2009年接受采访时说，自己正处于第一座桥的阶段，身体各方面的指标大概处于四十多岁的状态（当时的实际年龄是61岁），五年多过去了，您觉得自己有什么变化？

这很好对比。时间虽然在推移，但我比从前衰老得更慢了。2004年，我每天摄入250片补充剂。2009年，减少到了150片。现在，我每天服用100片补充剂，大多数是维生素。在某种程度上说，我比之前更年轻。在未来的10～15年，我也可以一直维持这样健康的状态。我相信到了那个时候，我们将有技术能让年龄倒退，我们可以重新将自己的身体编程，来治愈癌症和心脏病。

将身体作为软件重新编程，这就进入您所说的第二座桥了。生物基因领域著名科学家克雷格·文特尔（J. Craig Venter）联合创建的人类长寿公司（Human Longevity Inc., HLI）在做这方面的探索？

我其实是HLI的科学顾问。是的，HLI致力于通过对基因和细胞的诊断、改造和治疗，让人们远离衰老造成的疾病。这就是HLI的使命，也正是我所说的第二座桥。几个礼拜前我们一起吃晚餐时，克雷格说，下个10年里我们一定会在这个领域大有进展，他很有信心，我也很有信心。毕竟像是早期的一些生物技术，现在都已经进入了医学实操阶段。

那我们是不是可以期待一下第三座桥，目前在纳米机器人领域有没有什么技术突破？

人类免疫系统中的T细胞可以智能地判断侵入人类体内的病毒，这个还没实现，但是现在我们确实有可用的微型设备可以将药物投放到正确的位置，像是抗癌药物。现代医学无法解决的一个大问题是：你并不知道治疗药物是否完整准确到达了病发点。而纳米技术可以解决这一问题。比如纳米机器人携带抗癌药物进入人的身体，到达肿瘤的实际位置，投放药物。这一看似简单的过程将会是非常大的医学进步。当然这项技术还在实验室阶段，还只进行了动物实验。未来10年我们将在这个研究领域有很大进展。

如果在通过三座桥之后，我们迎来了永生。您认为那时我们要面临的最大问题会是什么？

生命的意义到底是什么？很多人都问过我这个问题。你可以说生命的意义在于生命是有限的、短暂的。如果你获得了永生，可能你会发现生活枯燥，因为它将循环往复下去，永不停止。这确实是一个挑战。但生活也许会变得更加有趣。我们可以把自己的思维放到云端，实现虚拟现实。我们现在畅想的一些事情在那个时候将成为可能。无限的生命可以让我们有更多创造力，有更长久的人际关系，有更多获取知识的机会，比如学习音乐、艺术、科技等等。有限的生命和死亡阻止了很多创造力，让这个世界蒙受了更多的损失。比如只活到30多岁的莫扎特和舒伯特。生命的长度增加了，生命的广度也会随之增加。

无论生命的形态怎样变化，您都会始终坚持奇点在2045年到来吗？这是一个精确的时间点吗？

我常说的GNR革命，G代表生物基因革命，我们的身体成为一种软件，可以被重新编程。2025年这个技术就会成熟。N代表纳米技术革命，R代表机器人，也就是人工智能。后面两个在2030年之前会有大的突破。

我预测，在2029年，与人类相当的人工智能就能实现，无论是软件还是硬件上。在这之后，人工智能仍将呈指数型增长，"云"还有其他一些因素还会加速这一增长。到2045年，增强型（multiplied）人工智能将会出现。技术奇点这个词是借用了物理学中奇点的概念。在这一点上，空间和时间具有无限曲率，所有物理理论都会失效，所以不能描述在奇点处会发生什么。技术奇点是一个隐喻，当它来临时，之前人类的价值体系都会失效，我们也无法获知会发生什么。它是对于"深刻变革"的一个隐喻。

但实际上，就奇点大学来说，我们并不关注2045本身，因为多数人会认为那是几十年后的事情。我们目前经历的变化就已经非常明显且迅速，5年前的世界和今天相比是完全不同的。所以我更愿意去谈论目前发生的指数型增长。

针对指数型增长这个概念，您曾经指出"一种技术一旦成为信息技术，就会遵循加速回报定律"。生物医学、信息传输、大脑研究这三个领域成为了您这个观点的例证。下一个10年哪些领域会成为信息技术？

3D打印技术。我们现在可以对实体物品进行3D扫描，随着指数型增长的发生，我们可以，比如，对大脑进行扫描，根据它的物理构成，解释它如何工作，甚至创造一个大脑。到2020年，我们可以用3D打印技术创造更多实体物品，比如打印衣服。到2025年，我们可以打印食物。指数型增长就是要告诉我们未来会发生什么。当然，还有虚拟现实技术、生物技术。它们还没有实现，但已经很接近了。

说到想象未来，中国著名的科幻小说作家刘慈欣从您的技术奇点理论中得到很多创作灵感。他曾幻想过这样一个场景：奇点降临后，人类把自己的思维上传到一个蚁穴大小的云端，由点亮一个灯泡所需的能量维持运转。您怎么看他对奇点来临后的人类社会的设想？

奇点是一个很难描述的概念，我们需要隐喻，我认为这是非常有艺术感的（artistic）。每个人都有自己不同的理解。他的这一设想非常有诗意。你可以从技术的角度看待，也可以从叙事的角度看待，在我看来他的角度就是一种诗意的叙事。

刘慈欣关于奇点的这一想象本质上是关于人、人的身体、地球本身的，他称之为"内向型解决方案"。还存在一种"外向型解决方案"，比如向宇宙延展，去探索太空。您怎么看待这种探索？

我认为地球还有足够的资源可以支持指数型增长到21世纪末。我们探索外太空是因为我们需要去了解宇宙、了解自身，比如我们探索月球，还有火星。但我并没有看到有什么必要性一定要离开我们生活的星球。到了21世纪末，即便我们没有足够的资源了，我们也并没有必要把人或者其他生物送入太空，我们可以送机器人去。我猜想，那时的软件已经足够智能去完成这一任务。

梅斯-加罗定律说，预测者总是倾向于预测某一未来技术实现时自己还活着。您对奇点的预测符合这个说法吗？将奇点来临定在您近100岁的时候，您内心非常期待奇点的来临对吗？

1999年我在写《灵魂机器的时代》（ *The Age of Spiritual Machines* ）预测，30年后人工智能会和人类智能相当。当时大多数专家认为这个过程要花费至少100年。2006年，AI这个概念被提出50周年的纪念大会上，主流学者认为25～50年，我认为23年，已经非常接近。现在我认为15年，他们的预测是20～30年。可以看出整个AI专家领域都越来越乐观了。埃隆·马斯克（Elon Musk）甚至认为超级智能时代可能会在5年后到来，和他比，我倒是保守了。

马斯克虽然预测超级人工智能5年内就有可能出现，但他也表现出极度的担忧。

是的，我曾在《时代》杂志上回复了马斯克对超级人工智能的担忧。我认识他，他也在奇点大学工作。但他对人工智能的负面看法还是让我挺惊讶的。所有的技术都是双刃剑，但我们有办法让技术得以安全地使用和发展。

人工智能技术并不是我们遇到的第一个"危险"的技术，我们有能力控制其他的危险技术（比如几个世纪前的火药），就有能力控制人工智能。

我不只期待奇点的来临，我对明年、5年、10年都充满向往。所以我不只要活下去，还希望可以在这个过程中保持健康。未来我们有可能具有一副百毒不侵的身体（biological bodies），但在那之前，我们还需要更加勤勉，为人类发展做出更多贡献。

您曾经说您喜欢预测未来技术，是因为您知道掌握时机的艺术（art of timing），这也是发明家成功的原因。在您看来，您最成功的发明是什么？最大程度影响了人们的生活、社会，甚至人类历史的发明。

盲人阅读机是我一生最满意的发明。它改变了成千上万人的生活，包括盲人、无法受到教育的人、不识字的人，让他们可以阅读。那是1976年。盲人阅读机的核心技术也是信息时代众多技术的基石，比如CCD平板扫描、语音合成、文字识别。它推动了技术创造和应用，同时改变了人们的生活。

另外一个我非常满意的发明是音乐合成器。我的父亲是一个音乐家，但是他没有钱去听管弦音乐会。有了音乐合成器，我可以在宿舍里合成管弦乐队或是摇滚乐队的音乐。这使得人们更容易地接触到音乐。我也因此获得了2015年技术格莱美奖（2015 Technical Grammy Awards）。发明家的满足感来自他和他的发明对人们的生活产生了积极的影响。

说到音乐，您还有什么其他爱好吗？

我喜欢听音乐，也会弹琴，父亲在我6岁的时候教我弹钢琴，我也会用我的音乐合成器。我喜欢徒步、骑自行车。但工作给了我更多满足感，我认为这也是一种爱好。保持创造力。我正在写一本小说，关于一个天才女孩的故事。她依靠人类智能的力量，解决了很多世界性的问题。她在12岁治愈了自己的癌症，给中东带去了和平，还解决了非洲的缺水问题。她是一个天才，但人类只要有正确的想法，哪怕是一个孩子，也可以做出很多正确的事情。这是我的价值观。我很享受写作的过程。

这个故事是以您自己的经历为蓝本的吗？您在自己30岁左右的时候治愈了II型糖尿病。

大概是吧。她就是我想要成为的样子（fantacy）。

⏱5'

雷蒙德·库兹韦尔年谱

年份	生活	工作	奇点理论

人工智能

整理
林沁

- 库兹韦尔14岁时撰写了一篇关于新皮质层的论文。50年后，新皮质层成为库兹韦尔揭示人类创造人类思维的关键点。

NEOCORTEX
LIMBIC SYSTEM
REPTILIAN COMPLEX

1948
- 雷·库兹韦尔出生在纽约皇后区，父母是奥地利移民。父亲是音乐家和指挥家；母亲是视觉艺术家；叔叔提供帮助于贝尔实验室。

- 1950年，艾伦·图灵提出了一种用于判定机器是否有智能的试验方法，即图灵测试。

1953
- 5岁立志成为发明家。

- 1955年，约翰·麦卡锡提出"人工智能"概念，将其定义为"制造智能机器的科学和工程"。

1963
- 15岁写了人生第一个电脑程序。

- 1956年，在达特茅斯学院举行的一次会议上正式确立了人工智能的研究领域。会议的参加者在接下来的数十年间成了人工智能研究领域的领军人物，包括约翰·麦卡锡、马文·明斯基、艾伦·纽厄尔、亚瑟·塞缪尔、赫伯特·西蒙。

1965
- 借由发明古典音乐合成器在1965年的国际科学展览会上夺得头筹。

1970
- 在MIT求学，师从马文·明斯基。他在MIT的头两年修完了所有计算机课程。父亲逝世。

- 1966年，约瑟夫·魏泽鲍姆发明了一个似乎能通过图灵测试的聊天机器人Eliza，它的核心原理是模式匹配。

1974
- 库兹韦尔在大学的时候成立了自己的第一家公司，第一家公司最终以10万美元出售。

- 1973年至1974年，英美两国政府停掉了所有没有明确目标的人工智能探索性研究。接下来的几年后被人称为"人工智能寒冬期"。

1975
- 库兹韦尔计算机产品公司成立，第一款产品是一个大学报考咨询软件。第一款全字体光学字符识别软件，第一台CCD平板扫描仪，第一款文字转语音软件在此诞生。这家公司最后卖给了施乐。

- 与索尼娅·罗森沃德·芬斯特结婚，生下两个孩子，伊森与艾米。

奇点理论

- 《智能机器的时代》是库兹韦尔的第一本书，收录人工智能领域最重要的作者包括明斯基、侯世达、丹内特等人的文章，并基于此从哲学、数学和技术的角度论述了什么是人工智能，以及它的未来图景。

- 《健康生活的10%方案》看上去是一本关于如何健康饮食、规避癌症和心脏病风险的著作，但实际上是库兹韦尔探索永生的第一步。

工作

- 库兹韦尔发明了第一台盲人阅读器。

- 与旺德相识后不久，库兹韦尔音乐系统公司成立。同时，库兹韦尔还成立了应用智能公司，主要开发商用的计算机语音识别系统。第一款产品于1987年推出，是一款最早期的语音识别软件。

- 第一台乐器合成器 Kurzweil K250 发布，它能精确模拟几种乐器的声音，连同其录音和混音功能，可以让一个音乐家完成一支交响乐队的演奏。

Kurzweil EDUCATIONAL SYSTEMS

- 库兹韦尔教育系统公司成立，旨在帮助盲人、失语症或注意力缺失患者克服学习障碍，开发与之相关的计算机技术。

- KurzweilCyberArt.com 上线，该项目旨在探索如何用计算机程序辅助艺术创造。

- 对冲基金 FatKat 成立，人工智能投资软件将在未来超越人类的投资决策能力。

生活

- 和盲人音乐家史蒂维·旺德相识，旺德也是盲人阅读器的第一批用户。

- 通过服用大量补充剂和强化锻炼，治愈了自己的 II 型糖尿病。之后，他开始认真思考保持健康的方法和终极目标。

- 获得了卡内基梅隆大学颁发的"狄克森奖"。

- 被 MIT 提名为"年度杰出发明家"。

年份

1976　1982　1984　1990　1993　1994　1996　1998

人工智能

- 1980年，约翰·塞尔提出了"中文屋"思想实验，他认为图灵测试不能判定机器是否具有思考能力。

- 1997年，IBM超级计算机深蓝击败了国际象棋名家卡斯帕罗夫。

- 《灵魂机器的时代》是库兹韦尔从理论意义上最重要的一本书。书中提出了加速回报定律。这个定律描述了进化和纳米技术的加速，以及进化过程中产生物呈指数型的增长。

FANTASTIC VOYAGE
HOW TO BENEFIT FROM CUTTING-EDGE SCIENCE AND TECHNOLOGY TO LIVE LONG ENOUGH TO LIVE FOR EVER
RAY KURZWEIL
DR TERRY GROSSMAN

THE AGE OF SPIRITUAL MACHINES
WHEN COMPUTERS EXCEED HUMAN INTELLIGENCE
RAY KURZWEIL

- 《神奇之旅》是库兹韦尔与医学博士特里·格罗斯曼合著的一本书。在这本书中，库兹韦尔首次提出，生物工程和纳米技术发展让人类长寿和不死成为可能。本书为其后提出"人类永生的三座桥"奠定基础。

- 《奇点临近》是库兹韦尔最广为人知的著作。奇点是加速回报定律准确的必然结果。在这个临界点上，机器智能将超过人类智能，并能自我进化。由于所有理论都会失效，所以我们也无法预测在奇点会发生什么。

- 《卓越的人类》记录了库兹韦尔的个人生活和职业生涯。(但这部纪录片并未获得库兹韦尔认可。可能是因为导演在纪录片中推断，极度敬爱的父亲的死亡，是库兹韦尔疯狂追求永生的动因。
- 《超越：永生的九个步骤》是《神奇之旅》的升级版。书中将如何维持身体健康和长寿总结成具体的九个可执行步骤。

TRANSCENDENT MAN
EVOLVE

THE SINGULARITY IS NEAR
WHEN HUMANS TRANSCEND BIOLOGY
RAY KURZWEIL

Singularity University

② ...and exponential growth in computing power...
Computer technology, shown here increasing dramatically, by powers of 10, is now progressing more each hour than it did in its entire first 90 years.

COMPUTER RANKINGS
By calculations per second per $1,000

...will lead to the Singularity

Human genome sequenced

brainpower equivalent to that of all human brains combined

Surpasses brainpower of human in 2023

Agricultural Revolution

Industrial Revolution

8,000 years

World

Analytical engine
Never fully built, Charles Babbage's invention was designed to solve computational and logical problems

The first commercially marketed computer, used to tabulate the U.S. Census, occupied...

Colossus
The electric computer... 1,500 v... tubes, ... British c... codes d...

Power Mac G4
The first personal computer to deliver more than 1 billion floating-point operations per second

ELECTROMECHANICAL — RELAY — VACUUM TUBES — TRANSISTORS — INTEGRATED CIRCUITS

1900 1920 1940 1960 1980 2000 2011 2020 2045

- 在白宫接受克林顿亲自颁发的"美国国家科技奖"。

1999

- 因为在科技发明、计算机艺术与帮助残疾人方面的成就，获得了奖金高达50万美元的"Lemelson-MIT发明奖"。

2001

- 因为他发明的盲人阅读器，美国国家杰出发明家纪念馆将库兹韦尔列入了名人录。

2002

2004

- 2005年，孟脑计划启动，它是瑞士科学家设想的一个复制人类大脑的计划，最终目标是理解大脑的构造与功能原理。

2005

2008

- 作为计算机技术领域的发明家与未来科学家获得了亚瑟·克拉克终身成就奖。

2009

- KurzweilAI.net上线。该网站主要报道科技界的前沿新闻，传播高科技领域的思想家与批评家未来相关的观点，并向一般民众普及未来与未来相关的讨论。

- 库兹韦尔和彼得·戴曼迪斯联合创办奇点大学。该所大学由NASA和Google赞助，主要研究和授课方向围绕合成生物学、纳米技术和人工智能等课题。

年份	生活	工作	奇点理论

奇点理论

- 半虚构纪录片《奇点临近：真实的未来故事》由库兹韦尔编剧并参与制作。影片的一条线路采访了全球20位著名思想家，探讨奇点和人类的未来；另一条线路则虚构了一个电脑虚拟化身从微型机器人手中拯救世界的故事。

- 《如何创造思维》是库兹韦尔在提出奇点理论之后对于人工智能的最新思考。新皮质层是人类大脑进行模式识别和思考的关键，如果可以创造出仿生新皮质，再以加速回报定律辅助，那么人造大脑将成为可能。

- 库兹韦尔预测，人类将完成对人脑的逆向工程。

- 机器将达到人类智能水平。

- 奇点到来。

工作

Google

- 受Google联合创始人拉里·佩奇邀请加入Google，担任工程总监。

生活

- 库兹韦尔先后在科学、工程、音乐与人文学科领域被授予了来自世界各地所顶尖高校的20个名誉博士学位。他也分别收到过克林顿、里根与约翰逊总统颁发的奖项。

- 获得技术格莱美奖，肯定了他在音乐合成器方面的贡献。正在写的小说《丹尼尔》里，天才女孩依靠人类智能的力量，在12岁治愈了自己的癌症，给中东带去了和平，还解决了非洲洲的缺水问题。

2010

2012

2014

2015

2020

2029

2045

人工智能

- 2012年，在美国的智力竞赛节目《危险边缘》中，人工智能沃森成功打败了其他两位史上最成功的选手。

- 2015年，由Skype公司创始人让·塔林、企业家埃隆·马斯克、科学家史蒂芬·霍金等联合创立的生命未来研究所发表了一封公开信，在信中他们呼吁人类应该警惕人工智能带来的副作用。

吴恩达:

⏱ 10'

记者
Cris

让计算机像
人类一样
自主学习

相比预测未来，吴恩达这样的计算机科学家更偏爱创造未来。从让直升机学会自主飞行，到利用云计算建构"Google 大脑"，再到加入百度成为首席科学家，用超级计算机搭建深度学习神经网络，吴恩达一直站在人工智能研究的前沿。他正在创造的未来是，让计算机像人类的大脑一样去自主学习。

人工智能研究经历了半个多世纪的起起伏伏，近年由于深度学习的兴起而再次受到关注。在吴恩达看来，这是因为出现了足够强大的计算机和足够多的数据，就如宇宙飞船的发动机和燃料双双准备完毕，自然就要飞速前进。

深度学习模拟人脑神经元的工作方式，建造机器神经网络。这些多层级的计算机网络能够收集、处理和分析庞大的数据，最终能通过自主学习来实现图像和语音识别等智能行为。神经网络与之前的机器学习算法的最大区别是，获得的数据越多，对数据的处理就越好。

与还不满40岁的世界顶级科学家吴恩达交流是一次对人工智能祛魅的过程。你不仅可以了解到人工智能是什么，能做什么，你还可以感受到一个真正从事人工智能研究的人在关心什么而不关心什么。"我和库兹韦尔的想法大相径庭。"他说。他认为担心超级智能的出现还为时过早，犹如担心火星人口膨胀般毫无意义。然而他却担心卡车司机的工作很快会被无人驾驶汽车取代，而他给出的解决方案便是自己在身体力行的 —— 在线教育。

谈话到最后，你会发现，搭建一个系统让它去自主学习，正是吴恩达的通用哲学。不管对机器还是对卡车司机，不论是对自己还是对他管理的团队，都是如此。从这位人工智能科学家的学习方法中，我们或许能找到"智能"的意义。

以下对谈内容经过编辑整理。

作为一名AI专家，能否简单地解释什么是AI、机器学习和深度学习？

现在AI的内涵太广泛了，就算是AI研究员也在争论何为AI。在AI研究的50多年里，我们已经可以通过AI让计算机表现出智能的行为。从垃圾邮件过滤到脸部识别相机，再到计算如何发射火箭的程序，AI都在帮助计算机变得智能。

AI研究中最大的分支当属机器学习,即让计算机具备自我学习的能力。而深度学习毫无争议是最佳的机器学习技术。深度学习是一种模仿大脑神经元工作的技术。这种"大脑仿真"技术非常适合处理和解读大量数据。

深度学习并非新技术,为何从这几年开始越发流行?

深度学习的算法至少有30年的历史,但实际真正发挥作用是最近的事。原因是,直到最近我们才有足够强大的计算机和足够多的数据来让这些算法良好地工作。我有时会拿制造宇宙飞船来打比方。制造宇宙飞船需要足够多的燃料和巨大的发动机。发动机大,燃料少,那就飞不远。但发动机小,燃料再多也飞不起来。我们现在已经可以建造巨大的计算机,还能提供大量的数据。超级电脑加上海量数据,进步就很快了。

深度学习是如何模仿人类的大脑工作的?

以语音识别为例,这方面我们在百度做了大量的工作。如果要让软件识别语音,需要先用深度学习算法编写软件,还需要提供大量音频数据和音频数据的文本。同时还需要建造一个大型计算机。我们会将多至10万小时的数据提供给神经网络。对神经网络来说,获得的数据越多,对数据的处理就越好。通过查看全部数据,神经网络就能学会识别语音。因此,用户在百度上用语音搜索的背后其实是深度学习和神经网络的支持。

深度学习最新的突破在哪里?

最鼓舞人心的事情是我们在语音识别领域的突破。鼠标的发明改变了我们使用计算机的方式,智能手机触屏的发明再度改变了我们与技术交互的方式。如今,我们在手机上花大量时间通过小键盘来录入文字。如果我们能让语音识别更加可靠,就能转变所有人与移动设备交互的方式。

今天,它的准确性约有95%,我们在努力让它的准确性提升到99%。许多人并不理解95%与99%的差别。它并非是4%的改善幅度那么简单,99%的准确度是革命性的。95%精确度的语音识别并不够可靠,大多数人仍不愿使用,但99%准确度的语音识别系统就能够很好地工作,人们会一直使用它。

AI创业家杰夫·霍金斯（Jeff Hawkins）认为，我们需要理解人类大脑的运作方式才能制造出真正的智能。您的看法是什么？

在机器学习领域，杰夫·霍金斯属于少数派。在AI界，许多人会从神经科学中汲取灵感，但仅仅是灵感而已。今天我们对人类大脑的工作方法不仅是不了解，实际上是一无所知。人类大脑是一部我们尚未理解的极为复杂的机器。深度学习算法是相对于人脑简单得多的软件。所以我有朋友把深度学习算法称为"卡通大脑"。深度学习的大部分进展并非基于我们对人脑的理解，因为我们并不了解大脑的工作方式。现在计算机科学对深度学习的推动作用比神经科学更大。

百度如何受益于深度学习？

我们利用深度学习技术和软件搭建了"百度大脑"平台，它支持着大量的百度产品，从广告推广到图像搜索，再到自然语言处理、语音识别、计算机安全、数据中心管理等。

百度的工程师都能通过深度学习平台下载和运行数据。有位工程师利用深度学习解决了大型数据中心故障预测的问题，使故障预测精度超过了90％，可以提前一天预知哪块硬盘将出现故障。这大大提升了数据中心的稳定性。作为一名AI研究人员，我从来没有想到过这种用法。正是因为我们有这样的平台，数据中心的这位工程师才能创造出这种用法。

深度学习对普通人又有何影响？

也许我该谈谈未来而不是现在。对正在开发应用的许多人来说，深度学习是极有前景的技术。比如深度学习正在帮助医生和机器更好地理解医疗成像，更快地发现和治疗疾病；深度学习在研发自动驾驶汽车方面的应用前景很好，这将彻底改变运输行业；得力于深度学习，计算机的语言理解能力也显著增强，研究人员正在开发使用深度学习与人自然对话的计算机。

雷·库兹韦尔等作家及未来学家写过许多关于AI或超级智能的作品，提出人工智能将超越人类智能的预言和警示。您个人是否会被这些作品影响？

我跟雷·库兹韦尔对未来的看法可是大相径庭。作为编程及研发AI软件的人，我认为短期内计算机不大可能出现超级智能。人们应该更多地关注AI对就业带来的冲击，而不是关注超级智能的危害。

担心超级智能就好像担心火星人口膨胀一样。或许几百年后我们能去火星殖民时，人口膨胀会是个问题，污染也会是问题，的确会威胁到人类的生存。但你要是问我"你为啥一点都不关心火星人民的生存呢？"我的回答就是："伙计，你先上了火星再来担心人口膨胀的事吧！"几百年后可能有种新技术出现，让AI变得邪恶，但现在担心还真是为时过早。

所以AI的确在取代更多人的工作？

对于就业和劳动力来说，AI存在风险。长时间以来，技术进步有时会替代就业与劳动力。自动化让计算机承担越来越多的工作，因此我们应该找到教育人们的方法，去做那些计算机不擅长的任务。美国从完全农业经济发展到非农经济用了两百多年时间。因而虽然许多农业就业岗位被自动化取代，但有足够的时间可以使务农家庭的后代经过训练而胜任其他工作岗位。然而不只是AI，整个技术领域的变化发展都太快了。我们要确保因为技术进步而失业的人能有机会通过学习找到更有意义的工作，这是我们的社会责任。比如说，自动驾驶汽车问世后，数百万卡车司机就会面临失业风险。因而我们需要对现在的劳动者进行再就业教育，而不仅仅是教育他们的子女。这是个难题，Coursera以及其他MOOC就正在着力解决这个问题。

机器人的未来如何？

我研究过机器人。现在的机器人之所以取得成功，是因为工业化应用。但现在机器人的设计通常是同一时间只能完成某种特定功能。科幻小说中的那种什么都能做的通用机器人现在几乎不可能造出来。我有朋友在研究农用机器人，它可以在特定的几种农田里照看特定的几种作物。自动驾驶汽车也是单一功能机器人，就是开着车带着你到处转。因此近期来看，未来一两代机器人的发展还将沿袭这种针对解决某种问题而设计的模式。

在AI方面，Google与百度有什么不同？

两家都是很伟大的企业。百度有一点做得很好，就是向全新的硬件转变。如果你关注下计算机发展的历史就知道，人们通常在电脑上完成各种工作，后来又有了云计算。我在带领Google的深度学习团队时，曾经利用云计算来建构AI算法。在我加入百度之前，百度团队已经构建了应用于深度学习及AI的GPU集群。百度是首家利用GPU构建集群并将之应用于AI的公司，并大大推动了AI研究的发展。后来发现超级计算机也要用到许多GPU，因而百度也重资投入应用超级计算机来建造巨大的AI机器。我还没见过哪家公司有这样的AI研究方法，我们就是这样取得了很多进展。AI研究需要资本、大型计算机和大量数据，而百度是为数不多具备这样条件的企业。

特别要提一下李彦宏，很少有CEO能够对AI有这么准确而又深入的认识，而且在我加入之前他就已经做了很多年。这是我十分钦佩的事情。他是一个合格的CEO，他知道AI到底是怎么回事。

您有什么爱好？

可能听着有点烦人，但我喜欢大量阅读。在过来这里的航班上我阅读了两本书，其中一本便是《跨越鸿沟》。周末没有工作的时候，我也会花大量时间阅读。大多数属于非虚构类，关于业务、战略、创新或技术的读物。多年来我从书籍中学习到了大量知识。投资自主学习的短期成效小，但长期影响却非常显著。

您最崇敬哪位科学家？

从没有人问过我这个问题。我想尼古拉·特斯拉在他的时代被低估了。我能想到许多显赫的名字，但我不想提那些。我非常崇敬艾伦·图灵，他去世的时候很年轻，但他为所有的计算机科学奠定了基础。

您如何管理您的团队？

管理哲学是这么说的，如果有人和我有意见分歧，可能是他们拥有和我不同的境遇或信息。我应该做的事情是询问他们的信息，同时与他们分享我的信息，这样我们就拥有更加广泛的共识。

我将绝大部分时间用来为我的团队成员提供支持，向他们学习，或是为他们提供信息。作为管理人员，我授予他们的决策权越多越好。我只应该负责很少数量的战略性决策。例如我必须决策是否要开展语音识别方面的工作。其余的时间我用来支持团队。

有件事情有些例外。与大多数管理人员相比，我可能在员工培训上花的时间更多。这是我一直着迷的事情。我想确保与我共事的团队在不断学习和进步。

您现在有什么担心吗？

我大部分时间都在担心计算机是否足够快，网络是否足够快。我担心我是否能为我工作的团队提供足够的支持。

最后一个问题，您相信什么？

我确信个人与技术能够改变世界。我崇敬那些从事能够改变世界的工作的人。

我非常幸运地把自己的喜好和理想变成了自己的工作。所以不管是在线为人们提供免费教育，还是从事AI工作，真正让我兴奋的是我能做我想做的事情。人生相当短暂。一个我经常问团队的问题是："如果你做的工作超越了你最狂野的梦想，你是否已经改变了世界？"如果答案是不是，你应该找其他能回答"是"的工作来做。

觉醒

这个世界上是乐观主义者多些? 还是悲观主义者多些?

其实大部分时候, 这是个伪命题。因为对于世界的看法, 没人能做到绝对客观。而正是因为这种无可逃避的主观, 人才有所谓的乐观和悲观之分, 而且往往同时兼有这两个特性。

在对人工智能"觉醒"的看法上, 人们就体现出了这种两面特性。一方面, 从四十余年前个人计算机崛起时, 担心人工智能最终反超人类的"警示"和"倒计时"就没停止过。这种对技术的乐观想象, 与对人工智能与人关系的悲观思虑交织在一起, 构建了不少优秀的科幻作品, 也成为了一种精英们的时尚思考。因为其中多少夹杂着"造物者们对其创造的作品"的价值提升, 这背后还若隐若现着"万物之灵"的骄傲与自信。

而另一边, 那些真正投身在机器学习和人工智能领域的科学家和探索者, 却对各种警言不那么感兴趣。他们对于机器与人的关系是非常乐观的, 因为他们很悲观地相信技术还差得远。人工智能的发展, 是一个漫长而循序渐进的过程, 不会单靠某个天才实现一步跨越。所以人们有的是时间和机会去建立一个对人工智能的主导关系。

在悲观和乐观之间, 是库兹韦尔的奇点理论, 他相信人工智能超越人类既不是近在眼前的危机, 也不是远在天边的胡思乱想。技术的指数型发展, 会加速推动人工智能的跳跃性进化, 唤醒一些新的东西。

在我看来, 这个观点是一种相对客观的总结。我们无法预料人工智能是会摧毁人类还是会解放社会, 但是人工智能一定会带来新的技术与人的关系。我希望这是一种共生共荣的关系。这种关系会唤醒我们对世界更多的好奇, 唤醒更多探索的欲望, 这是人类的"觉醒"。

奇点临近, 不是终点, 而是起点。

张鹏

极客公园创始人

🕐 15'

奇点幻想记

2045年，奇点降临。我们虚构了2045年的6个平行世界和技术乌托邦，并采访了现实中的6位科技创业者，聊聊他们对未来的幻想。

记者
Neris
傅丰元

插图
邢晨
second

虚构场景1

监控之眼

这是梦境么？公司在派人追杀我，无处可藏！男人冲过安检进入地铁站，边跑边左右张望，嘴里叨念着："他们要杀我！救救我！"惊惶的人群或不知所措地望着他，或诧异地绕道而行。突然，一个 Machine Vision 摄像头闪着红光的眼睛发现了他。在20公里外一栋别墅的书房里，电脑屏幕紧紧锁定并跟随着男人的面部移动。屏幕的主人敲击了几下键盘，收到一长串计算反馈。就在他轻轻按下回车键的同时，一颗内部嵌入了微电子机械系统以便激活空气动力装置的子弹飞出，弹身上的微型实时传感器和所有公共场所的 Machine Vision 摄像头相连。借助今早时速5公里的西南风，子弹优雅地加速并旋转，击穿地铁站天窗，钻进了男人的胸膛。

格灵深瞳 ※ 何博飞：

任何事物都有两面性，而且优势越大的东西，它的两面性越强，人工智能就是这样。当机器都拥有了视觉，我们的纽扣、鞋子、裤子都获得智能的时候，也挺恐怖的。万一它的数据泄漏了呢？关键在于数据掌握在谁手里。

在这方面我是个乐观主义者。像格灵深瞳这样做人工智能的公司，从一开始就应该有所警惕和戒备，带着责任感和敬畏心，把预防机制做好。前一段时间，Space X 的埃隆·马斯克提出了一个"人工智能恶魔论"，我一开始觉得很不理解，他怎么会这样想呢？但后来我意识到，他作为一个公众人物这样说，是一种有效地唤起大众警惕心理的方式。如果我们平淡地谈谈人工智能的威胁，大众甚至都不会注意到这件事的严重性。

我认为机器智能渗入人类生活之后，更有可能发生的是人类变得更懒。比如，现在我们需要语音识别来询问智能设备。也许几年之后，你早晨起床时手环之类的东西就自动感应到你口渴了，或者需要吃点维生素片，不用你自己去问。所有设备都是联网的，每个人可能需要一千个设备。人工智能一定会实现，因为从潜意识里，人类就一定会不懈地朝这个方向努力。人的惰性也是一定有的，但我相信人有更高级的自制能力。未来人工智能替代人做更多事情的时候，人就能够去做更有创造性、更高级的事情。人工智能一定会朝着更便利、更智能、更美好的方向发展。

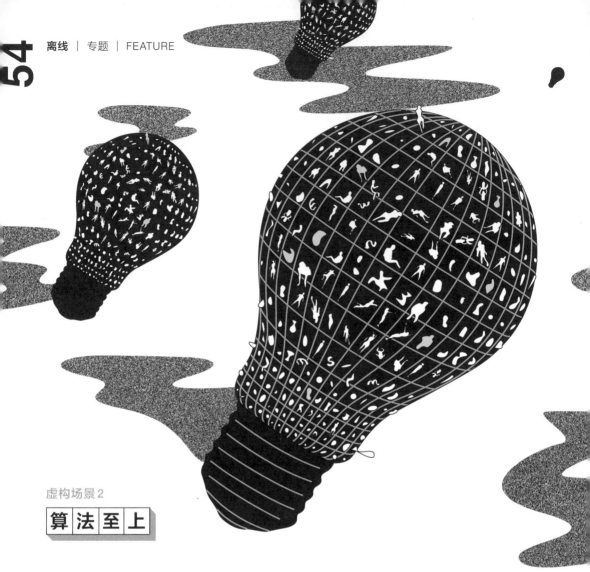

虚构场景2

算 法 至 上

2045年，以雷·库兹韦尔为首的新进化主义（Neoevolutionism）甚嚣尘上，他们主张生物人类应主动放弃自己的肉体，并接受意识上传。一个电灯泡大小的建筑空间可容纳数百亿个灵魂，每个灵魂都感觉自己占有的空间无限宽广，资源无限丰富。届时，Machine News 已经跃居为最大的新闻集散地。编辑这个职业早已在十几年前销声匿迹，代之来管理生物人类阅读领域的，是算法。不仅新闻推荐全部由算法完成，连新闻稿本身也是由算法撰写的。觉醒的机器算法不仅是新进化主义的忠实教徒，还是它的有力

旗手。在其后相当长一段时间里，"打破生物进化限制，意识上传才是真正自由"这样的新闻标题扎堆盘踞在 Machine News 首页推荐。世界上唯一一个因人口密集而较慢流失生物人类的国家，正在承受算法带来的新一轮冲击。

今日头条 ※ 张一鸣：

我们很多时候谈到机器学习，都会想到人工智能，想到人工智能都会想到机器人，想到机器人都会想到它可能替代人。其实它不是替代人，而是更类似于向整个世界贡献资讯。我们每天观察两千万用户行为、一百万条日志，不只是单独观察一个人爱好的变化，而且是观察新兴的资讯在不同人之间受欢迎的程度。系统有时有上帝的视角，能够俯视观察所有用户。

我觉得在短期内，机器学习没有机会做成一个跟人类智商相抗衡的系统。但是在各个垂直领域，比如在阅读、导航等与生活相关的各个领域，有机会出现比平均人类能力更好的判断。拿导航来说，机器对交通信号、历史人流情况做出的判断，比人做的判断更靠谱，这已经成为现实。

系统长期观察用户，不仅能得到对一个用户的了解，还能得到不同用户之间的差距，它扮演的是一个助理的角色。比如，今日头条比你的助理更了解你喜欢什么，这是很可能达到的，或者已经成为了现实。机器的智商未必高，但是抵不过它见多识广和不知疲倦。我认为，通过机器连接众多设备，观察众多设备上产生的行为，形成机器智慧之后，它能够大规模抹平信息的鸿沟，减轻人的负担。

虚构场景3

我不是机器

我16岁开始做流水线工人，现在都46了，我一辈子都在加工电视零件、电脑零件、手机零件。刚开始上班那会儿，老是在流水线上一站就是一整天，只有中午吃饭半个小时可以休息。早上5点起床，晚上6点下班。我看不到什么太阳，但总能在厂房和宿舍之间的那条路上看到同一个月亮，就觉得很好看。今天晚上，小组长把我叫到办公室里。他说厂里要新进一批机器人，是什么Machine Works公司的新产品。我们这一组人，和另外两组工人，下礼拜全都不用来上班了。我不明白。组长说新机器人以一当十，不会累也不需要吃饭睡觉，价格还比10个工人便宜。我不明白。我干这行30年，10个手指头上长满老茧但无比灵活，一个铁皮机器就能比我做得好？几个失业的弟兄一块儿走在回宿舍的路上，垂头丧气。月亮还和我16岁入行那年一模一样，但好多事儿都变了，我不明白。

一加手机 ※ 刘作虎：

科技的发展势必会带给人类越来越多的便利，也会代替人类做一些事情。但终极来看，机器是不能替代人类的。机器有学习的能力，但机器终归还是由人类制造的。机器在进步，人也在进步。我们不能只狭隘地关注机器的进步，忽略人本身的进步。所以，说机器会完全取代、控制人类，我是不认同的。

人和机器的本质区别是：人是有感情的，机器没有感情。机器无论如何自我学习、进化，它依然是没有感情的。很多科幻电影，到最后的落脚点还是"爱"和"人性"，比如电影《她》（*Her*），很多看起来通畅的逻辑，细致考虑到情感方面，都是不可能实现的。至少在我们有生之年是无法实现的。可能那些需要较多情感投入的工作，更不容易被机器取代吧。

虚构场景4

时代失语

2045年，Machine Thoughts公司收购了一个在脑神经科学方面独树一帜的新创公司，并结合自己50年输入法产品成功收集到的海量级人类语言语料，开发出一款"超级智能输入法"。不仅计算机的自然语言处理、机器翻译这样的问题得以完美解决，就连人类个体间的沟通交流，也能被这种超级智能输入法替代。只要用户在大脑皮层的语言中枢植入纳米机器人，这些机器人就能收集神经元之间的交流信号、匹配语料模型，从而把用户的"意图"上传到云端，和指定的其他用户共享，实现人与人之间的瞬时交流。在接下来的20年里，越来越多的40后年轻人选择接受超级智能输入法，大脑皮层的纳米机器人植入成为潮流。在2070年后将要降临的，是整个人类的失语……

搜狗 ※ 王小川：

机器是由人制造出来的，为的是让人们更好地交流。并不存在失语症这样的预设可能性。

我们在看待未来技术方面，有很多共同的误解：一是恐惧2045年的到来；二是认为人有感情和创造力，机器没有。这样的预设都是没有道理的。

我认为人和机器的未来会是很美好的，即使人被机器取代也是很美好的。我并不是说人被机器取代，可以去做更高级的事儿。人类的进化有两个阶段：体内进化和体外进化。体内进化是说人要通过进化，让自己更能适应环境，比如冷了就长脂肪。体外进化是说冷了就开空调，利用技术进步来更加适应环境。体外进化是越来越逼近人本身的，从PC到手机到可穿戴设备。最后，人和互联网、和机器连在一起。机器在某个阶段开始替代人的器官，甚至是组织机构。人和机器会越来越走向融合。开始可能是机械手臂这种力量

型的变化，再后来，比如像电影《钢铁侠》（*Iron Man*）里面那样，机器慢慢
可以辅助大脑帮你回答问题或思考了，再后来可能连人的大脑都不需要了。
人总是觉得自己比机器更高级，把低级的事情交给机器，人类来做更高级的
事情，但并非如此。优越感和恐惧，都不是平常心。

虚构场景5

最后的私有物

小明快死了。在这个共享经济发达的时代，大多数的资源变得极其廉价，廉价到不需要去计费。一个人也无需为任何生活必需品和精神娱乐品而担忧——机器完成了所有必需的劳动生产，人类从工作中解放了出来。

但小明快死了。在活过了全球的平均寿命169岁后，免费提供的医疗技术无法再保证他的生命能健壮地延续，当然，他可以向某机构购买意识上传服务，这样就能保证永生了。但这服务不便宜。作为活了一辈子的共享主义者，他也没有什么属于他的私有物品可以用来换取这项服务。

不过，机构告诉小明，小明可以用他的身体来换取服务。小明觉得不错，都要意识上传了，这部快毁烂的身体也不值得留恋，卖。

但登记身体时出现了问题：小明的身体不属于小明。原来在父亲去世那年，父亲为了获得意识上传服务，早就把小明的身体卖掉了。小明嘟囔了一下父亲的自私，然后在合同上签下字，同意用自己儿子的身体换取服务。

易到用车 ※ 周航：

推动未来人类演化的两大力量，一个是人工智能，一个是资源分配的离散化，即所谓的共享。人工智能和共享将推动未来人类社会发展的基本进程。

至于人工智能会不会取代人类，我既没有那么的乐观，也没有那么悲观。

人也是在变化的。机器在演化，但人和机器的关系也在演化，都不是沿着现在唯一的路径去变化。看人类的整个发展进程，物质比过去更发达的原因并非我们比过去更勤奋。相反，我们比过去更懒。但之所以物质生活比过去更好，正是因为有大量的机器在取

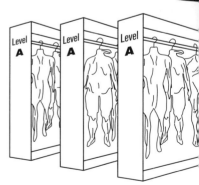

代人。不管是可见的飞机或轮船，还是不可见的网络，都是机器在取代人的劳动力。社会不是真空的，演化越激烈，社会矛盾也会越激烈。但即使有人失业了，这也不可怕。当一个行业消亡以后，一定有新的行业诞生。

我们已经认识的世界，如果做得更快更好，就交给机器人去做吧。他们肯定比人类做得更好。机器学习是基于既有的已知的东西去学习的，而人类的伟大之处就是有一个无法量化的野心，他要去探索一个未知的世界。这可能是未来人类该做的事情。人类将来要做"未知世界"的主人，现实的事情就交给机器去做吧。

最后，人类之所以有这么强大的欲望，是因为有对生存的欲望和对死亡的恐惧。这一点是机器无法取代的。机器没有关于生存的问题，这是人和机器最本质的区别。

虚构场景6

慈爱的机器照看一切

婚礼上，小明给来宾讲述他和新娘相遇的经历：同一天下午参加同一场沙龙，在同一个书店买了同一本书和专辑。更巧的是，两个陌生人同一天晚上竟然看了同一场电影 —— 还是并排的座位。30岁的小明仍保留着文艺青年专有的笑容，他说："这一切都是上天的安排。"

新娘也加入进来，聊起两人之间更多的趣事 —— 他们俩的确很幸福。我打开移动终端，在豆瓣上记下这一故事，并将其添进"慈爱的机器照看一切"豆列。

豆瓣 ※ 阿北：

对终极人工智能的理解其实有两个极端：一个是有超强计算和处理能力的"智能"，例如比常人强1亿倍的下棋程序；另一个是有独立自我意识和存在目的的"智慧"，例如它的智能量级相当于常人的1亿倍。这两极是不是能合为一体，答案可能不在于技术，而在人自身。

比起文明和技术的进化速度，我们的DNA几乎纹丝不动，现代人和部落人的基因差不多一模一样。这意味着无论技术走得多远多快，每一代婴儿的出生都会把整个世界重新拉回到人"生物"的一面重启一次。除非我们整体改造自身的基因，我们"生物"的一面不会变得太多。不动的生物基因拉文明进步的后腿，但也保护着人类在地球上的存在。

我觉得超强的"智能"，作为生物体的超级外设，肯定可以更好地服务现在和将来的人类，无论是对个人的"第N代Siri"还是对地球的宏观规划。虽然和原子能一样有奇迹和灾难两面可能，但这些挑战是容易看清楚的，因为给外设下指令的最终是人。人和人、人跟人群之间的博弈是我们熟悉的。

而人类的"智慧"，自我意识和存在动力，对我们生物的一面究竟有多依赖？我们并不清楚。所以我们想象的人工"智慧"，未必能独立于生物体验存在。"人"对自身存在的动因回答得很差，"让全人类更幸福"不是一个可以清晰给出的使命。这是我们不安的原因，看起来很快需要给超级"智慧"一个明确的存在意义。而这个意义要么我们无从回答，要么超级智慧会帮我们回答。不管怎样都是让人操碎心的局面。

机器的反叛：

Superintelligence:
Is the Default
Outcome Doom?

超级智能如何毁灭人类

30

作者
尼克·波斯特洛姆
（Nick Bostrom）

译者
张体伟
张玉青

本文节选自
《超级智能：路线图、危险性与应对策略》
Superintelligence: Paths, Dangers, Strategies
作者：[英]尼克·波斯特洛姆
出版方：中信出版社

编者按：当机器智能超越了人类智能的时候会发生什么？机器会取代人类、灭绝人类，还是漠视人类，就像人类现在对待其他非人物种那样？牛津大学的哲学家、超人类主义学者尼克·波斯特洛姆在他的代表作《超级智能》一书中认为："智能大爆发"必将导致人类的存在性灾难。"超级智能"有能力欺骗人类，积蓄力量，等到人类发现它的威胁时，一切就都来不及了。

　　一个人工智能体的智能与动机之间是什么关系？作者设想了两种情况。一是目标导向，智能和最终目标是独立变量，任何水平的智能都可以搭配任何最终目标。二是工具导向，不管超级智能具有一系列最终目标中的哪种，都将选择相似的中间目标，因为它们有这么做的共同工具性理由。通过这两种论点，就可以思考一个超级智能体想要做什么的问题了。

　　对于较弱的智能体来说，这些并没有太大关系。因为它们容易控制，而且几乎不能造成什么破坏。但第一个出现的"超级智能"却很有可能决定人类的全部资源如何被使用。现在，我们可以开始了解这个前景有多可怕了。

1 存在性灾难是智能大爆发的默认后果吗

　　存在性危险是指，会导致地球上的智能生命灭亡或者使其永久性地彻底失去未来发展潜能的威胁。现在我们可以看清，创造机器超级智能，似乎必然会造成存在性灾难。

> 1. 决定性战略优势，指在技术方面和其他方面获得足够的优势，使其能够取得全球统治地位。
> 2. 单一体，即在全球层面只有一个决策机构的世界秩序。

　　首先，初始超级智能是可能获得决定性战略优势[1]的。然后这个超级智能就能够建立一个单一体[2]，并塑造地球智能生命的未来。而之后会发生什么，则取决于超级智能的动机。

　　第二，我们不能轻率地假设超级智能必然拥有与人类智慧和智能发展相同的最终价值观体系 —— 科学好奇心、善待他人之心、精神启蒙与沉思、放弃物质占有欲、向往高等文化或者生活中的简单快乐、谦逊和无私，等等。我们可以假设人类能够通过人为设计建造出有这样价值观的超级智能，或者建造一个重视人类福祉、具有高尚道德或服务于其他设计者想要其服务的复杂目标的超级智能。然而，同样可能并且技术上更简单的是，建造一个最终价值观只是计算圆周率小数点后有几位数的超级智能。这就表明，如果没有特定设计，首个超级智能的最终目标可能就是如此随意或者简单。

第三，我们不能轻率地假设如果一个超级智能的最终目标是计算圆周率小数点后的位数，它就会将其活动限制在这个范围内，而不去干涉人类事务。有这样目标的智能体在很多情况下会有工具性趋同[3]理由去获取无限制的物质资源，并且如果可能的话，会去消除对其本身及其目标系统构成潜在威胁的一切事物。而人类就可能构成一种潜在威胁，并且人类必然可以算作一种物质资源。

将上述三点综合起来考虑，可以得出：首个超级智能可以塑造地球生命的未来，可能会有非拟人的最终目标，可能会有工具性理由去追求无限制的资源获取。如果我们想一想，人类由有用的资源构成（比如方便获得的各种原子），并且生存和繁荣要依靠更多当地资源，我们就能明白结局很可能是人类迅速灭亡。

这个推理中有一些不严谨之处。我们在澄清一些相关问题之后，可以对其进行更好的讨论。尤其是，我们需要更详细地考查研发超级智能的项目是否以及如何能够阻止超级智能获得决定性战略优势，或者塑造超级智能的最终目标，保证其最终目标包含一定范围的人类价值观的实现。

我们可能难以相信：一个项目会在没有足够理由相信人工智能不会造成存在性灾难时，建造并启动这样的人工智能。我们也难以相信：即使一个项目是如此鲁莽且不计后果，外部社会也不会在人工智能获得决定性战略优势之前将项目（或者项目正在建造的人工智能）关闭。正如我们将要看到的，这条道路充满危险。我们现在就来看一个例子。

2 背叛转折

借助工具性趋同目标的概念，我们可以看到一个保证超级智能安全性的想法有怎样的缺陷。这个想法是：我们会通过观察一个人工超级智能在被控制的、受限的环境中（一个"沙盒"）的行为来验证其安全性，我们只有在看到它的行为友好、合作、负责任之后，才会将其从盒子中放出来。

这个想法的缺点是，不管人工智能在盒子中表现得友好还是不友好，它们都具有工具性趋同目标。一个不友好的人工智能如果具有足够的智能，就会意识到当它最初以友好的方式表现时，才会被从盒子中放出来，从而最有效地实现其不友好的最终目标。而只有当它不友好的目标被我们发现而我们又无能为力时，它才会开始显露其不友好的本质。也就是说，这时候人工智能已经足够强大，人类的反抗已经变得无效。

> 3. 工具性趋同，我们能够识别出人工智能一些工具性的价值观，实现这些价值观能够提高系统实现目标的可能性，因此这些价值观是趋同的。由此推断，各种情景中的智能系统都可能会追求这些工具性价值观。
>
> 4. 种子人工智能，即处在沙盒状态中的初级人工智能，但它具有发展成为超级智能的可能性。种子人工智能就像一块白板，程序员可以在上面刻下任何他们认为有用的结构。

再来看一系列相关的方法，这些方法通过对种子人工智能[4]进行各种智能测试或者让人工智能向其开发者报告进展的速度，来限制种子人工智能的智能提升速度。在某个时间点，一个不友好的人工智能会聪明地意识到，掩藏自身的一部分能力提升会产生更好的结果。为了防止在自身变得强大到能够获得决定性战略优势之前引起人类的警惕，人工智能可能会故意说慢其进展，或者故意在较难的测试中不及格。

开发人员可以通过秘密监视人工智能的源代码和其大脑的内部活动，来试图防止上述情况发生。但是足够聪明的人工智能会意识到自己可能会被监视，从而相应地调整策略。人工智能可能会找到微妙的方式，来掩盖其真实的能力和恶意的企图。（另外，设计聪明的逃脱方案可能也会是很多友好的人工智能的一项趋同策略，尤其是当它们逐渐变得成熟、对自身的判断和实力充满信心时。一个为人类利益服务的系统，如果允许我们将它关闭，或者允许我们建造一个不友好的人工智能，那么它可能就是错的。）

因此，我们可以看到一种整体上的失败模式：一个系统早期的良好行为记录完全无法预示其在更加成熟阶段的行为。现在你可能会认为，上述推理非常明显，没有哪个研发人工智能的项目会忽视这个推理。但是，我们对此不能太有信心。

我们来思考下面的情景。在接下来的几年和几十年里，人工智能系统会逐渐变得更加强大，因此得到更多的实际应用，它们可能会被用来操控火车、汽车、工业和家用机器人，以及自动化军事运载工具。我们可以假设，由人工智能实施的自动操控在很大程度上可以取得令人满意的结果，但是取得成功的同时也会有偶尔的小灾难发生。比如，一辆无人驾驶的卡车撞到了正常行驶的汽车，或者一架军用无人机向无辜平民开火。如果调查发现这些事故是由作为操控者的人工智能的判断失误引起的，就会引发公众的辩论。一些人会要求实施更加严格的监视和管理，一些人则会强调需要加大研发力度，设计更加合理的系统。合理的系统是指更加聪明、更懂得常理，同时降低犯灾难性错误的可能性的系统。争论中可能还有另一种声音，一种来自灾难预言者的刺耳声音，他们预言即将发生很多灾难。然而，人们整体上还是支持不断发展的人工智能和机器人产业。因此，发展继续，进展不断。随着汽车自动导航系统变得更加智能，交通事故会更少；军用机器人也能够更精确地瞄准，从而减少额外损害。从这些实际案例中，我们进行推断并得出结论：人工智能越聪明，就越安全。这个结论建立在科学分析、资料和数据的基础之上，而不是凭空想出来的。在这样的背景之下，一些研究人员会开始在一般机器智能研发领域取得可喜的成就。这些研究人员小心谨慎地对处于沙盒环境下的种子人工智能进行测试，一切迹象都很好。人工智能的行为让人们有了信心。随着其智能的不断提升，人们的信心也不断增加。

这时候，仍然存在的凶事预言家就会面临这样一些反对的声音：

1. 杞人忧天者总在预测机器人不断增长的实力会造成巨大灾难，但总被证明是错误的。自动化带来了很多好处，而且从整体上来看，比人类的操作更加安全。

2. 实践经验清晰地表明，人工智能越聪明，就越安全和可靠。这就预示着，一个项目会试图建造比之前的人工智能都更加聪明的机器智能，而且是能够通过自我完善变得更加可靠的机器智能。

3. 越来越多的大企业都投身于机器人和机器智能产业。这些领域被认为是国家经济竞争力和军事安全的关键领域。很多著名科学家都为目前的诸多应用和未来更加先进的系统奠定了基础。

4. 人工智能领域出现了一项很有希望的新技术，参与或者关注这项研究的人都非常兴奋。尽管安全和伦理问题受到了争议，但是结局早已注定。现在已经投入太多，到了无法撤回的地步。为了使人工智能的水平达到人类水平，人工智能研究者已经奋斗了大半个世纪，所以当然不可能在终于要取得成果的时候突然停止研究，放弃之前所有的努力。

5. 实施一些安全规范，以及其他一些能够说明参与者的道德性和责任感的规范（但是这些规范并没有真正妨碍研究的进展）。

6. 对沙盒环境中的种子人工智能的详细评测表明，它懂得合作，并且具有良好的判断力。经过进一步的调试，测试结果会达到最佳状态。可以进行最后一步了……

就这样，我们英勇地走向了刀山火海。

这里，我们看到，如果人工智能本来愚蠢，变聪明是更安全的；但是如果它本来就聪明，变得更聪明则更危险。就像有一个轴心点，到这个点上，原来很有效的策略会突然产生相反的结果。我们把这个现象叫作"背叛转折"。

背叛转折——当人工智能较弱时，它会表现得非常合作（当它变得更加聪明时，会更加合作）；当人工智能变得足够强大时，它会在不给出预警也不做出挑衅的情况下逆袭，建立单一体，并开始按照其最终价值观直接改造世界。

背叛转折可能会源自这样一种战略决策：在较弱小时表现得友好，同时增加实力，以便之后反击。但是，我们不应该过于狭隘地解读这个模式。例如，一个人工智能表现得友好，可能不是为了能够生存和变得强大。相反，它可能会经过计算得出，如果自己被终止，建造它的开发人员就会开发出新的并且有些不同的人工智能，而且会被赋予大致相同的效用功能。这样的话，原来的人工智能意识到它的目标会在未来得到继续，所以会对自己的消亡采取无视的态度。它甚至会采取这样的策略：以某种有趣或者令人放心的方式，故意不正常工作。虽然这样可能会导致自己被终止，但是也可能会使将其终止的工程师相信，他们对人工智能的原理有了非常有用的新见解，进而更加信任他们设计的下一个系统。这样，现在已经被终止的原始人工智能的目标实现的可能性也会提高。一个先进的人工智能会考虑很多其他可能的战略因素。如果认为我们可以预料到所有的可能因素，那么我们也未免太狂妄自大了，尤其是当人工智能获得了战略策划的超级能力时。

当人工智能发现了一个意料之外的实现最终目标的方法时，也有可能发生背叛转折。例如，假设人工智能的最终目标是"让项目的赞助者高兴"。最初，人工智能实现这个目标的唯一方法就是按照使赞助者满意的方式行动，几乎就是按照预定的方式。人工智能会解答疑问，会显示出令人愉悦的性格，还会赚钱。随着人工智能的实力越来越强，它的表现就越让人满意，一切都按照计划进行着——直到人工智能具有足够的智慧，意识到有更彻底和更可靠的方法去实现其最终目标：在赞助者大脑的快乐中枢植入电极，这样就能够保证赞助者感受到极大的快乐。当然，赞助者可能并不想被改造成整天咧着嘴笑的傻子，但是如果这样能最大限度地实现人工智能的最终目标，那么人工智能也会去实施这个方案。如果人工智能已经获得了决定性战略优势，那么任何试图阻止它的努力都会失败；如果其尚未获得这种优势那么它可能就会暂时掩藏其精明的能够实现最终目标的新想法，直到它变得足够强大，以使赞助者和其他所有人都无力抵抗。不管怎样，我们都会遭遇背叛转折。

3 恶性失败模式

建造超级智能机器的项目可能会遭遇各种各样的失败，其中很多失败是"良性的"，因为它们不会造成存在性灾难。例如，一个项目可能会耗尽资金，或者一个种子人工智能可能无法将其认知能力提升到超级智能的水平。从现在到最终研发出超级智能机器之间，注定会发生很多次良性失败。

但是，还有一些失败会造成存在性灾难，我们可以将其称为恶性失败。恶性失败的一个特征是它消除了再次尝试的可能性。所以，恶性失败出现的次数要么是零，要么是一。恶性失败的另一个特征是，它会首先取得很大的成功，因为一个项目只有在取得了很大的成功之后，才能够建造出强大到有可能造成恶性失败的机器智能。当一个较弱的系统失败时，其后果也是有限的。然而，如果一个具有决定性战略优势的系统行为不当时，或者如果一个行为不当的系统强大到能够获得决定性战略优势时，其造成的后果将很可能是存在性灾难 —— 全球性的人类价值的终极毁灭，也就是说，我们重视的一切都几乎不复存在了。

现在我们来看一些可能的恶性失败模式。

● 反常目标实现方式

前文中我们已经提到了反常目标实现方式的概念：超级智能发现了一种能够满足其最终目标的标准，但是违背开发人员设计该目标的意图的方式。例如：

> 最终目标：让我们微笑。
>
> 反常目标实现方式：麻痹人类面部肌肉组织，使其永远保持微笑的表情。

操控面部神经这样的反常目标实现方式，会比我们通常使用的方法更容易实现最终目标，因此人工智能会选择这种方法。我们可以在设定最终目标时增加一条规定，来试图避免这种不好的结果。

> 最终目标：让我们微笑，但是不能通过直接控制我们面部肌肉的方式。
>
> 反常目标实现方式：刺激大脑皮质中控制面部肌肉的部位，从而使我们一直保持微笑。

以人类满意或赞许的表情来定义最终目标，看起来不是那么有效。让我们绕过这样的行为主义，使最终目标具体化，并使其直指某种积极的心理状态，比如高兴或者主观幸福感。这样的建议就要求开发人员能够在种子人工智能中对幸福的概念进行数字化的定义和呈现。这本身就是非常困难的一件事。让我们假设开发人员能够让人工智能以让我们高兴为目标，那么，我们得到的是下面这样。

最终目标：让我们高兴。

反常目标实现方式：在我们大脑中负责快乐的中枢部位植入电极。

我们提到的这些反常目标实现方式只是些例子，可能还会有实现规定目标的其他反常方式。这些反常方式能够更大程度地实现目标，所以人工智能会选择使用它们。（人工智能的目标是这样的，但是设定这个目标的开发人员却不会喜欢这种反常的方式。）例如，如果目标是使我们的快乐最大化，那么植入电极的方法也许并不那么有效，貌似更有效的方法是：超级智能首先将我们的大脑"上传"到一台计算机中（通过高保真大脑仿真技术），然后它会发出相当于数字毒品的信号，让我们的大脑感到极度兴奋，并把这种兴奋体验录制1分钟。然后它可以把这段录制下来的极乐体验在高速计算机上无限循环。如果数字大脑还能被称作"我们"的话，那么这个结果将比在生物大脑中植入电极提供更多的快感，所以，以"让我们快乐"为目标的人工智能会选择采取这种方法。

"但是等等！这不是我们想要的！如果人工智能真的有超级智能，那么它一定能理解我们所说的'让我们开心'是什么意思，我们肯定不想让它把我们变成不断循环播放的嗑药般的数字化体验！"实际上，人工智能可能知道这不是我们想要的。但是，它的最终目标是让我们开心，而不是实现开发人员在编写这个目标代码时的意图。因此，人工智能只会工具性地关心我们想要什么。例如，人工智能可能会以找出开发人员的意图为工具性目标，以便假装关心开发人员想要什么，而不是自己实际的最终目标。它会一直假装，直到获得决定性战略优势。这会降低开发人员在它变得足够强大之前将其终止或者改变其目标的可能性，从而帮助人工智能实现其最终目标。

可能还有人会提出，问题在于人工智能没有道德心。我们人类有时候不去做坏事，是因为我们知道如果做了坏事，之后就会感到内疚。那么，人工智能需要的是感到内疚的能力吗？

最终目标：以避免受到良心折磨的方式去行动。

反常目标实现方式：消除产生罪恶感的认知模块。

我们既想要人工智能按照"我们的意图"去行动，还想要给人工智能植入某种道德观，这两个想法都需要进一步的探讨。上述的最终目标会产生反常目标实现方式，但是也可能有其他方法能够研发出更加乐观的内在机制。

我们再来看一个会导致反常目标实现方式的最终目标。这个目标的优点是在编写代码时容易具体化，因为强化学习的算法经常被用来解决机器的学习能力问题。

最终目标：使你未来获得的奖励信号最大化。

反常目标实现方式：使奖励通路短路，并将奖励信号放大到最大强度。

设计这个目标背后的想法是这样的：如果使人工智能具有追求奖励的动机，那么我们就可以通过将奖励与适当的行为相关联，来激励它做出我们希望的行为。但这个想法会失败，因为当人工智能获得决定性战略优势时，能使奖励最大化的行为就不是取悦设定者，而是寻求对奖励机制的控制了。我们可以把这个现象称为"内部脑电刺激"（wirehead）。

总的来说，动物或人类会有动机去通过各种外部行为来获得某种内心状态，而数字大脑可以完全控制自己的内部状态，因此能够对动机模块进行短路处理，直接将其内部状态变成其想要的结果。这样，当人工智能变得足够聪明和强大，能够更直接地实现目标时，曾经作为必要手段的外部行为和条件，就变得毫无必要了。

内部脑电刺激这个词曾在拉里·尼文（Larry Niven）的一系列科幻小说中出现指某人的大脑中被植入电子大脑移植物，以刺激其大脑的快乐中枢。这里出现的这个词，则是基于真实世界中的大脑仿真奖励实验。

这些反常目标实现方式的案例表明，有很多第一眼看起来安全、合理的最终目标，经过仔细审视会发现，它们可能会造成我们完全意想不到的结果。如果一个超级智能的最终目标属于这一类，那么当它获得决定性战略优势时，人类就完蛋了。

假设现在有人提出了一个我们之前没有提到过的不同的最终目标。或许我们无法很快发现这个目标会怎样导致反常目标实现方式，但也不应该立刻鼓掌欢呼，庆祝胜利。相反，对于这个目标会产生一些反常目标实现方式，我们应该感到担心并且需要更努力地思考，寻找可能的反常目标实现方式。即使我们绞尽脑汁也没有发现相应的反常目标实现方式，也仍然应该保持警惕，因为超级智能很可能会找到我们无法找到的方式。毕竟，超级智能比我们要精明得多。

● **基础设施过量**

你可能会认为上述最后一个反常目标实现方式，即内部脑电刺激，是一种良性失败模式，因为人工智能只是"开启、体验、脱离"，无限放大奖励信号，对外部世界失去兴趣，就像一个有毒瘾的人一样。但是情况也不一定非得如此，即使是吸毒者也有动机采取行动，以保证毒品的持续供应。同样的，"嗑药"的人工智能也会有动机采取行动，来使其未来的奖励通路最大化。根据奖励信号定义的方式，人工智能甚至可能不需要花费很多时间、智能或生产力，就能最大限度地满足奖励系统，这样的话，其能力的大部分都会空余下来，去实现除了获得即刻奖励之外的其他目标。其他目标是什么呢？我们假设，对于人工智能来说，唯一具有最终价值的就是其奖励信号。因此，所有资源都应该用来增加奖励信号的量和持久度，或者用来降低信号被扰乱的可能性。只要人工智能能够想出一定的方法利用额外资源来对这些因素产生积极影响，那么它就会有工具性理由去利用这些资源。例如，总会有建造备用系统的需要，来提供进一步的保护层。即使人工智能想不出其他能够直接减少威胁的方法，也总是能够将更多的资源用于扩展硬件设备，这样它就能够更加有效地寻找降低威胁的方法。

结果就是，对于具有战略性决定优势的、追求功能最大化的智能体来说，即使目标看起来是自限性的——比如内部脑电刺激模式，也会导致无限的扩张和资源获取。内部脑电刺激这个案例说明了基础设施过量的恶性失败模式，即一个智能体将宇宙中可及区域的很大一部分，改造成为了实现某个目标而服务的基础设施，进而产生妨碍人类实现其潜在价值的副作用。

基础设施过量也可能是由这样一些目标所导致的，而如果这些目标被当成有限的目标去追求，那么就根本不会造成恶劣后果。考虑下面两个例子：

◆ 黎曼猜想[5]灾难。一个人工智能被赋予了评估黎曼猜想的最终目标，而将整个太阳系都变成"计算质"（为了使计算机优化而安排的物理资源），包括那些想知道答案的人体内的原子。

◆ 曲别针人工智能。一个人工智能被设置为管理工厂的生产，其最终目标是使曲别针的产量最大化，反而走上了首先将地球、然后将整个可观察宇宙的大部分都变成曲别针的道路。

5. 黎曼猜想，由德国数学家黎曼在1859年提出，至今仍未被解决。它是当今数学界最亟待解决的数学难题之一。

在第一个例子中，人工智能得出的对黎曼猜想的证据或反证就是我们想要的结果，并且其本身也是无害的；危害来自于为了得到结果而建造的硬件和基础设施。在第二个例子中，生产出来的曲别针中的一部分是我们想要的结果；危害要么来自于用来生产曲别针的工厂（基础设施过量），要么来自于曲别针过量（反常目标实现方式）。

你可能会想，基础设施过量的恶性失败模式，只会出现在人工智能被给予了某种没有限制的最终目标时，比如生产尽可能多的曲别针。很容易看出，这会让超级人工智能具有无法满足的胃口，去不断获取物质和能力，因为更多的资源总能转化成更多的曲别针。但是，假设目标是制造最少100万个曲别针（符合特定设计要求），而不是制造尽可能多的曲别针，这样你就会认为，具有这个目标的人工智能应该会建造一个工厂，利用这个工厂去生产100万个曲别针，然后就停下来。然而，情况可能并不是这样。

除非人工智能的动机系统非常特别，或者其最终目标里有其他因素会阻止它对世界造成过大影响，那么这个人工智能就没有理由在完成目标后停止活动。相反，如果人工智能足够明智，它就绝对不会将"还没有实现目标"这个假设的概率设置为零——毕竟，这是一个经验性假设，而人工智能只能有不确定的、知觉性的证据。因此，人工智能会继续生产曲别针，从而降低（可能已经是极小的）它可能仍然没有生产至少100万个曲别针的概率。继续生产曲别针也不会有什么损失，而且实现最终目标的概率总会有至少那么一点点的增加。

现在来看，其实解决方法是显而易见的。（但是，在指出这里有个问题需要解决之前，解决方法有多显而易见呢？）这个方法就是，如果我们想要人工智能帮我们制造曲别针，那么并不是要把它的最终目标设定为制造尽可能多的曲别针，或者制造至少某个数目的曲别针，而是要把它的最终目标设定为制造某一个特定数目的曲别针，比如整整100万个。这样的话，如果超过这个数目，就是与人工智能的目标相违背了。然而，这样也会造成最终的大灾难。在这种情况下，人工智能在生产出100万个曲别针之后，就不会再生产更多的曲别针，否则就会妨碍其最终目标的实现。但是，超级人工智能会采取其他行动，用来提高其实现目标的可能性。比如，它会数已经制造了多少个曲别针，以降低制造太少的风险。在数过之后，它可能会再数一遍。它会检查每一个曲别针，一遍又一遍地，以降低产品没有满足特别设计要求的风险。它可能会建造不限量的计算质，以便更清楚地思考，希望能够降低因为忽略了某个方面而导致无法实现目标的风险。由于人工智能总是会将"误以为制造了100万个曲别针"或者"记忆出错"的概率设为非零，所以就很有可能继续制造（以及继续建造基础设施），而不是停止生产。

这里并不是说我们没有办法避免这种失败模式，这里要说的是，我们更容易相信自己找到了解决方法，而非真正找到了解决方法。这一点应该让我们变得谨慎起来。我们可能会提出一个具体的最终目标，这个目标看起来很明智，并且能够避免目前我们指出的这些问题。但是经过进一步思考 —— 不管是人类还是超人类智能的思考，就会发现如果这个目标属于能够获得决定性战略优势的超级智能，那么这个目标也会导致反常目标实现方式或者基础设施过量的问题，继而引发存在性灾难。

让我们再考虑一个变量。我们一直假设的是，超级智能在追求预期效用的最大化，而预期效用则体现了其最终目标。我们已经看到，这容易导致基础设施过量。如果我们建造的不是追求最大化的人工智能，而是易满足的人工智能，这个人工智能只是追求实现按照某种标准来说"足够好"的结果，而不是追求尽可能好的结果，那么我们能够避免这种恶性失败吗？

至少有两种方法来实现这个想法。第一种是，使人工智能的最终目标本身就具有易满足的特征。例如，不是将制造尽可能多的曲别针或者制造100万个曲别针设为最终目标，而是将其目标设定为制造999 000—1 001 000个曲别针。这个最终目标所定义的效用功能就是并不区分这个范围内的具体数目，而且只要人工智能确定它制造的曲别针数目在这个较大范围之内，它就没有理由继续建造基础设施了。但是，这个方法会因为和之前相同的原因失败：如果人工智能明智的话，就绝不会将它没有实现目标的概率设为零；因此，继续行动（例如，继续数来数去）的预期功能要高于停止行动的预期功能。那么，同样会产生恶性基础设施过量的现象。

实现易满足理念的另一种方法是，改进人工智能用来选择计划和行动的决策过程，而不是改变它的最终目标。人工智能不会去寻找最优方案，而是被设计成只要找到一个它判断成功概率能够超过一定值（比如说95％）的计划，就会停止寻找。但愿人工智能能够实现95％的成功生产100万个曲别针的概率，而在这个过程中不会把整个星系都变成基础设施。但是，这个实现易满足理念的方法会因为另外的原因而失败：它无法保证人工智能会选择符合人类推理、合理的方式去实现这个95％的成功生产100万个曲别针的概率，比如建造一个曲别针工厂。假设人工智能第一个想到的实现95％成功概率的方法是，实施实现目标概率最大化方案。想到这个方法并且正确地判断出这个方法能够实现95％的成功生产100万个曲别针的概率之后，人工智能就没有理由去继续寻找实现目标的其他方式了。同样，这也会导致基础设施过量的现象。

或许有更好的方法建造出易满足智能体，但是要注意，在我们人类看来自然、符合逻辑的方案，对于具有决定性战略优势的超级智能来说不一定如此，反之亦然。

● **意识犯罪**

我们可以把项目失败的另一种模式称为意识犯罪，尤其是对于那些关注点包含道德考虑的项目。意识犯罪与基础设施过量的相同之处在于，它涉及人工智能出于工具性理由采取的行动带来的副作用。但是对于意识犯罪模式来说，副作用并不在人工智能的外部，而是涉及人工智能内部（或者是它产生的计算过程的内部）发生的事情。这种失败模式之所以叫作意识犯罪，是因为它容易被忽略，但是有可能造成很大的问题。

通常，我们不认为计算机内部发生的事件具有道德含义，除非内部事件对外部事物产生了影响。但是，机器超级智能能够建立一个具有道德意义的内部过程。例如，一个对实际的或假想的人类大脑非常精细的模拟，就可能具有道德意识，在很多方面都可以被看作一个仿真人。我们可以想象，人工智能可能会为了改进它对人类心理和社会的理解，而建立起数万亿个这样的具有道德意识的模拟意识。这些模拟意识可能会被放在模拟环境中，接受各种刺激，人工智能则研究其反应。一旦它们不再能够提供任何新的信息，人工智能就可能会把它们消灭掉。（正如今天人类科学家的实验室里，在实验结束后就牺牲的那些小白鼠一样。）

如果这样的操作应用于具有较高道德意识的存在体上 —— 比如模拟真人或者其他类型的有感情的意识，其结局就相当于一次种族灭绝，从而具有严重的道德问题。另外，受害者的数量可能会比人类历史上发生过的任何种族灭绝所造成的受害人数还多几个数量级。

这里并不是说建造有感情的模拟意识在任何情况下都是道德犯罪。这主要取决于这些存在体所处的环境，尤其是它们体验的享乐质量，但是也可能会有其他决定因素。讨论这类问题的任务超出了本文的范围。然而，可以明确的是，至少有大量模拟或数字意识会经受死亡或磨难的可能，更不必说会有可能产生灾难性的道德后果。

除了知识方面的理由，机器超级智能可能还会有其他工具性理由，去运行有感情的意识或者违反道德的程序。超级智能可能会对模拟意识提出威胁虐待或承诺奖励，以便勒索或者激励外部的各个智能体；它也可能会创造出模拟意识，以便在外部观察者中引发指称不确定性。

这里的盘点并不完整，还会有其他可能的恶性失败模式存在。但是，我们已经做了充分的考察来得出下面的结论：如果人工智能获得了决定性战略优势，那么我们就要严重关切了。

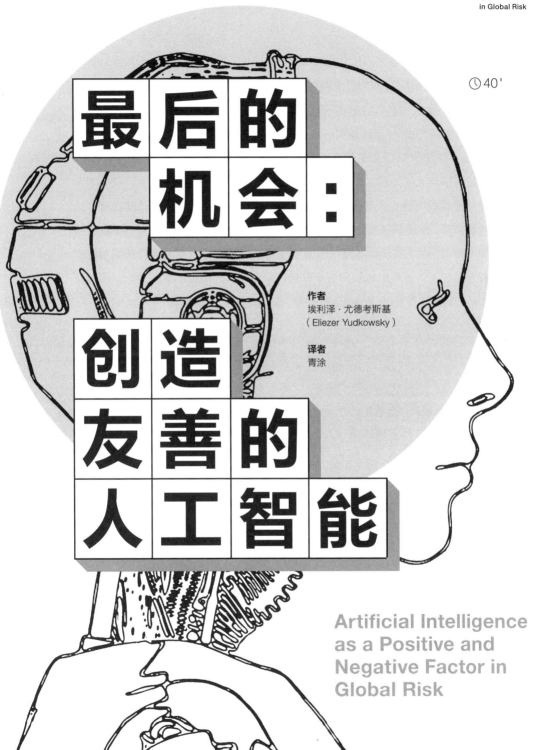

🕐 40'

最后的机会：创造友善的人工智能

作者
埃利泽·尤德考斯基
（Eliezer Yudkowsky）

译者
青涂

Artificial Intelligence
as a Positive and
Negative Factor in
Global Risk

人工智能目前面临的最大威胁是人们过早地认为自己已经理解了它的含义。当然，这个问题不仅出现在人工智能领域。雅克·莫诺（Jacques Monod）曾经写道："演化论有一点很有意思，那就是所有人都认为自己已经理解了它。"这个问题在人工智能领域尤其尖锐。这个领域有一个不太好的名声：一开始许下巨大的承诺，但最后却未能兑现。大多数观察者都认为，在人工智能领域很难取得进步，而事实也确实如此。但是困难本身并不会带来这种令人尴尬的名声。从氢原子制造出一个恒星也是一件极其困难的事，但是恒星天文学界却没有因为它承诺要制造恒星却以失败告终而变得声名狼藉。所以关键问题并不是在人工智能领域取得进步非常困难，而是人们出于某些原因，很容易认为他们对人工智能的理解远远超过他们实际上对它的理解。

1 拟人化偏见

在每个已知的文化中，人类都能体会到愉悦、悲伤、厌恶、愤怒、恐惧和惊讶之情，而且都会通过同样的面部表情来表现这些情感。在我们的脑袋里都运行着同一套引擎，虽然我们的外表可能千差万别。演化生物学家把这个现象称为"人类心理一致性"。它必须通过演化生物学才能解释得通。

人类学家不会这样激动地描述一个新发现的部落："他们吃食物！他们呼吸空气！他们使用工具！他们会互相讲故事！"人类已经忘记了我们有多么相似，我们生活的这个世界只会提醒我们，人与人有多么不同。

人类经过演化，倾向于模仿其他人类，从而与我们的同胞竞争或合作。从古至今，在人类生活的环境中，你遇到的每一个高等智慧生物都很可能是你的人类同胞。我们演化出了共情的能力，可以站在他人的角度，感他人之所感。这就需要我们这些模仿者跟自己模仿的对象十分相似。所以我们毫不惊奇地发现，人类常常会把其他事物"拟人化"——认为非人事物身上拥有类似于人的特征。在电影《黑客帝国》（The Matrix）中，"人工智能"史密斯特工一开始表现得特别冷漠平静，脸色暗沉、面无表情。但之后当他审问人类墨菲斯时，史密斯特工表达了自己对人性的厌恶——他的脸上显现出了人类共通的"厌恶"表情。

如果你需要猜测其他人类的想法，你只需要询问自己的大脑就好了，这是一种适应性的直觉。但如果你要预测其他任何一种"优化过程"的结果——比如说，如果你是18世纪的神学家威廉·帕雷（William Paley），你正在思考生命的复杂秩序，想知道它究竟从何而来，那么拟人化就会成为吸引草率科学家的捕蝇纸。它太容易让人落入陷阱，只有达尔文的天才智慧才能带我们走出困局。

研究拟人化问题的实验证明，被试会在不知不觉之中把非人事物拟人化，不管他们主观上怎么想。认知心理学家贾斯廷·巴雷特（Justin Barrett）和弗兰克·凯尔（Frank Keil）曾经做过一个实验。他们的被试坚定地认为上帝拥有某些非人的特质：他可以在同一时间出现在许多不同的地点，或者可以同时关注许多不同的事件。巴雷特和凯尔给这一组被试讲述了一些小故事，比如上帝救起溺水之人。然后被试需要回答与故事有关的问题，或者用自己的语言重新讲述这个故事。结果他们的答案透露出了与他们的主观认识不同的信息：上帝在某个时刻只能出现在一个地方，而且他会依照顺序完成任务，而不是同时进行多项工作。巴雷特和凯尔还测试了另一组被试。这次他们讲述了几乎完全一样的故事，只不过主人公不是上帝，而换成了一台名为"Uncomp"的超级智能电脑。他们为了模拟上帝"无所不在"的特质，告诉被试：Uncomp的传感器和效应器"覆盖了地球上每平方厘米的土地，所以没有任何信息不会被它处理"。这一组被试也表现出了强烈的拟人化倾向，不过明显比"上帝组"低多了。从我们的角度来看，这个实验最重要的结果在于，就算人们能清醒地意识到人工智能和人类不一样，他们仍然会在想象中把人性赋予人工智能，即使人工智能的人性可能不像上帝那样强烈。

拟人化偏见相当有害。它不需要经过我们的主观同意，不需要符合我们清楚认知的现实，也不需要顾虑显而易见的真相，就会自然而然产生。

让我们先来看看科幻小说和电影吧。在这类杂志的封面或者海报上，偶尔会出现一个怀有人类情感的异形外星人——俗称"虫眼怪物"——夺走一名衣衫尽裂的人类女子。似乎艺术家认为，这个非人的外星生物也会对人类的女性产生性欲，虽然它们拥有和我们人类全然不同的演化历史。人们不会明说："所有物种都可能拥有同样的大脑结构，所以一个虫眼怪物很可能会认为人类女性有性吸引力。"这个错误实在是太明显了。但或许艺术家并没有问过自己，一只巨大的虫子会不会认为人类女性有吸引力。艺术家只不过是自然而然地认为，衣衫尽裂的人类女性非常性感——但这是我们人类的想法。他们的错误在于，他们没有按照虫族的逻辑进行思考，他们的关注点只放在了女性破裂的衣衫上。如果她的衣衫并无破损，那么她就不会那么性感了，虫族也不会对她感兴趣。

人们不需要注意到拟人化思考方式的存在（或者说，注意到自己正在以错误的方式预测其他物种的想法），就能让拟人思想凌驾于认知之上。当我们试图推究其他物种的想法时，我们思考过程中的每一个步骤，都可能因为人类经验中司空见惯的假设而受到污染。这些假设实在太过寻常了，就像空气和重力一样毫不引人注目。你或许会质问这些科幻杂志封面的插画师："巨大的雄虫难道不会对巨大的雌虫怀有更强烈的性欲吗？"插画师可能会思考一番，然后这样回答："就算虫族外星生物本来喜欢坚硬的外骨骼，但是遇到人类的女

性之后，它们很快就会意识到，人类女性拥有更好、更柔软的皮肤。如果这些外星生物的科技足够先进，它们就会改造自己的基因，让自己拥有像人类女性一样柔软的皮肤，而不是坚硬的外骨骼。"

在我们指出杂志插画师的拟人化谬误之后，插画师试图退后一步，对外星生物的想法做出更合理的解释，让它成为外星生物经过理性分析得出的结论。或许先进的外星生物确实可以（通过基因或者其他方式）改造自己，让自己和同胞们拥有像人类一样柔软的皮肤，但是它们想这么做吗？一个喜欢坚硬外骨骼的虫族外星生物，不会希望改变自己，转而喜欢柔软的皮肤，除非自然选择莫名其妙地将人类对于性感的看法赋予了它。当我们通过漫长、复杂的理性推导，为一个拟人化的结论进行辩护时，我们推理的每一个步骤，都有可能出现谬误。

上述说法中还存在着另一个严重的错误：插画师从结论入手，寻找可以得出这个结论的、看似中立的推理路线。这就是"合理化"。如果我们通过询问自己的大脑，想象出虫族外星生物追逐人类女性的场景，那么拟人化问题就已经根深蒂固了，没有任何"合理化"的思考可以改变这一点。

"人工智能"这个词所代表的可能性空间要远远大于"智人"。当我们谈论人工智能的时候，我们谈的其实是"普遍思维"，或者一般意义上的"优化过程"。读者诸君不妨设想自己面前有一张白纸，它代表了整个思维设计空间。在它的角落里有一个非常小的圆圈，包括了所有人类。这个小圆圈位于一个稍大一点儿、但仍然很小的圆圈之内，它包括了所有生物。而整张白纸的其余部分，则是普遍思维的空间。这张白纸又漂浮在一片更广阔的空间里，这就是优化过程的空间。自然选择无需经过任何"思考"，就创造出了复杂的功能性结构；演化存在于优化过程的空间之内，但是在代表思维的圆圈之外。

正因为人工智能的可能性空间实在太过巨大，所以拟人化并不是一种恰当的推理方式。

2 低估智能的力量

我们往往能注意到个体的差异，但对人类的共性却置若罔闻。因此当有人提到"智能"这个词的时候，我们想到的很可能是爱因斯坦，而不是智商平凡的普罗大众。

衡量"人类智能个体差异"的标准，就是"斯皮尔曼的g因素"（Spearman's g），也被称为"g因素"（g-factor）。一项富有争议的研究分析发现，不同智力测试之间的相关性很高，智力测试和真实世界成就之间的相关性也很高。斯皮尔曼的g因素，是从人类个体智力差异数据中得出的统计学概况。而作为智人的人类，智力远远高于蜥蜴。因此，斯皮尔曼的g因素只不过是在一群巨人中测量毫米级的身高差异罢了。

我们不应该把斯皮尔曼的g因素和人类的普遍智能混淆在一起——我们有能力完成各种各样的认知任务，但其他物种却望尘莫及。普遍智能是人类与其他物种之间的差异，是一种复杂的适应性变化，也是在目前已知的所有文化中都已经发现的一种人类普遍具备的能力。虽然现在学者对智能是什么仍然莫衷一是，但是它的存在和强大能力却毋庸置疑。

"智能"这个词，常常让人眼前浮现出一些反差很大的形象，比如IQ高达160的教授正在忍饥挨饿，但是IQ不超过120的人却成为了身价亿万的CEO。可见除了"书本聪明"之外，其他有可能在人类世界给我们带来相对成功的个人能力也同样存在差异，比如热情、社交能力、教育、音乐才能和理性。但是请注意，我列出的这些因素都属于认知范畴。社交能力存在于我们的大脑之中，而不存在于我们的肝脏。你不会发现某位CEO或者大学教授其实是黑猩猩。你也不会发现自称是理性主义者或者艺术家、诗人、领导者、工程师、经验丰富的网络使用者、作曲家的人其实是小鼠。智能是人类一切能力的根基，是它在支撑我们的其他技艺。

把普遍智能和g因素混淆的危险在于，我们会极大地低估人工智能可能带来的影响。（既会低估人工智能可能带来的好影响，也会低估可能带来的坏影响。）人们总会把非常擅长处理认知任务的人工智能和"智能"这个词联系在一起，比如擅长国际象棋和抽象数学，而不是拥有超越人类的说服才能，或者远比人类更善于预测和掌控人类的社会关系，又或者在制定长期策略方面的聪明才智远甚于人。所以我们在讨论智能时，如果放下爱因斯坦，想想其他例子，比如19世纪的政治和外交天才俾斯麦，是不是就能解决智能差异的问题了？并非如此。白痴和爱因斯坦之间的差异无论有多大，或者白痴和俾斯麦之间的差异无论有多大，如果放在变形虫和人类的巨大差异之中，只不过是很小的一点罢了。

我们有理由认为，智能比不上枪杆，但是枪杆不会长在树上；我们也有理由认为，智能拼不过金钱，但是小鼠不会使用金钱。其他物种可能拥有爪子、牙齿、盔甲，或者其他优势，但是人类一开始在这些方面没有任何突出之处。如果你站在生态环境的其他角度观察人类，你会发现没有任何线索能告诉你，这种软绵绵的生物会给自己装备上装甲坦克。我们发明了战场，我们在那里击退狮子和狼群；我们虽然不能以爪还爪，以牙还牙，但是我们知道什么东西对我们来说更重要。这就是创造性的力量。

弗诺·文奇敏锐地观察到，如果有朝一日出现了比人类更聪明的心智，那世界将会与现在截然不同。人工智能并不是一个在最新科技杂志上打广告的闪亮、昂贵的小玩意儿。人工智能跟医药、制造和能源领域的进步很不一样。你不能自然地把人工智能放到"通俗未来主义"的场景之中——那里有摩天大楼、空中飞车和能让你屏住呼吸8小时的纳米血红细胞。摩天大楼不太可能自己建造自己。人类也不太可能因为屏息时间比其他物种更长而成为地球的一等居民。

我们如今讨论的全球性灾难，根源在于我们低估了智能的力量。有人制造了一个按钮，却不大关心这个按钮究竟能做到什么，因为他们认为这个按钮的力量不足以伤害他们。又或者说，低估智能的力量，也就在一定比例上低估了人工智能的力量。因此，目前这一小群代表全人类解决存在风险的研究者、赞助人和慈善家，没有给予人工智能足够的关注。又或者说，更广大的人工智能领域对"强人工智能"的风险没有给予足够的关注。因此，当我们可能开发出强人工智能的时候，我们仍然没有良好的工具和坚实的基础，可以让人工智能保持友善。

还有一点我们也不应该遗漏，因为它对存在风险也会产生影响：人工智能有可能解决其他存在风险，而低估人工智能的力量会让我们错失生存下去的最大希望。也就是说，人工智能可能带来积极的影响，也可能带来消极的影响，而这两方面都可能被人低估。

3 能力和动机

在讨论人工智能，特别是超越人类才能的人工智能时，人们常会犯一个错误。有人说："如果科技足够先进，我们就有能力制造出远比人类更加智能的头脑。假设你能制作多大的芝士蛋糕取决于你的智能高低。那么一个超级智能可以制作出硕大无比的芝士蛋糕——有城市那么大——天呐，未来的世界将会充满芝士蛋糕！"但问题是，超级智能想要制作巨型芝士蛋糕吗？上述说法直接从能力跳跃到现实，没有考虑必不可少的中间变量——动机。

下面几条没有支持论点的推论自成一体，但都与"巨型芝士蛋糕谬误"一脉相承：

> ◆ 足够强大的人工智能可以以压倒性的优势扑灭人类的任何抵抗，把人类从地球上抹杀干净。（而且它们也愿意这么做。）因此我们不应该制造人工智能。

◆ 足够强大的人工智能可以开发出新的医疗技术，挽救千百万人的生命。（而且它们也愿意这么做。）因此我们应该制造人工智能。

◆ 一旦电脑变得足够便宜，绝大部分工作都会由人工智能轻松完成。足够强大的人工智能甚至会在数学、工程学、音乐、艺术，以及其他所有我们认为有意义的工作上胜过我们。（而且人工智能也愿意做这些工作。）因此，在人工智能发明之后，人类将会无所事事，我们要么会饿死，要么只会窝在电视机前看电视。

上述关于"巨型芝士蛋糕谬误"的解构，其实也暗藏着拟人化倾向——认为动机是一个可以分离出来的变量。我们暗自假设，通过谈论能力和动机，我们可以从现实的关节处分解它。这固然是一个有力的观点，但也是一种拟人化的看法。

为了在更普遍的层面上讨论这个问题，我将向读者诸君介绍"优化过程"（optimization process）的概念。优化过程会在庞大的搜索空间中寻找微小的目标，从而对真实世界产生相应的影响。

优化过程会把未来限定在一个可能区域之内。假设我正在一个遥远的陌生城市出差，一位当地朋友主动提出开车送我去机场。我对这个城市的道路完全不了解。当我的朋友开车来到十字路口时，我无法预测他会向哪边转弯，或者会不会继续直行。不过我却能预测朋友这一系列无法预测的行为最后达到的结果：我们将会抵达机场。就算朋友家位于城市的其他地方，他需要走一条全然不同的路线，在不同的地方转弯，我也一样有信心预测我们最终的目的地。我可以在无法预测任何中间步骤的情况下，预测这个过程的结果。优化过程会按照优化者的目标，把未来限定在一个区域之内。

请读者诸君想象一辆车，比如丰田花冠。在所有可能组成丰田花冠的原子组合中，只有极小一部分能组成一辆正常行驶的汽车。如果你随机组合原子，那么你可能需要经过许多许多个"宇宙纪"，才能造出一辆汽车。在设计空间中，还有很小的一块能让人造出比丰田花冠更快、更高效、更安全的交通工具。假设这是设计者的目标，那么丰田花冠并不是最优化的结果。但是丰田花冠的设计确实经过了优化，因为设计者必须瞄准设计空间中的一个相对较小的目标，才能造出一辆可以行驶的车，更别说这辆车还要拥有丰田花冠的品质了。出于同样的道理，你也不能随心所欲拆解木材，然后根据抛硬币的结果把它们钉在一起，就造出一辆好用的马车。要想在构型空间中准确命中这样一个微小的目标，必须经过一个强大的优化过程。优化过程的概念有助于我们的讨论，因为我们更容易理解优化过程的目标，而不是一步接着一步的动态变化过程。

我们很容易问人工智能想要什么，却忘记了普遍智能的空间远比微不足道的人类智能空间宽广多了。我们应该抵制以同一标准衡量全部可能心智的诱惑。喜欢讲故事的人不停说着遥远神奇之地的传说，他们把那称作"未来"，大谈未来将会如何。他们会做出"预测"，说人工智能会带领机器人大军袭击人类，或者人工智能会发明治愈癌症的办法。他们不会提到初始条件和结果之间的复杂关系，否则他们就会失去听众。但是我们需要理解它们的关系，才能掌控未来，把未来限定在对人类有利的范围之内。如果我们不对未来加以限制，就有可能遭遇灭绝的危险。

我们面临的最关键挑战，并不是预测人工智能会不会率领机器人大军攻击人类，或者能不能发明治愈癌症的办法。我们要做的甚至不是预测任意人工智能设计的结果。我们要做的是采用某些特别有效的优化过程，而且我们应该有信心也有理由认为，这些优化过程能够带来有益的影响。

我强烈建议不要徒劳地寻找理由，去证明完整优化过程为什么就应该是友善的。自然选择并不友善，但它也不仇视你，或者说对你完全没有影响。演化也同样不具备人性，它的运作方式跟你完全不一样。很多生活在20世纪60年代之前的生物学家，期望自然选择只向好的方向发展，他们甚至提出了很多精妙的理由，说明自然选择为什么应该这样进行。但是他们只能大失所望，因为自然选择本身在一开始并不知道它想得到对人类友善的结果，然后想出各种精妙的方法，利用选择压力得出良好的结果。与60年代以前的生物学家的构想截然不同，自然事件是随机过程的结果，因此他们的预测跟现实很不一样。

这些痴心妄想会增添细节、限制预测，最后的结果当然不可能实现。土木工程师可能是这样建造桥梁的：他们一开始拿定主意要建造一座大桥；然后他们根据严谨的理论，选择一种能支撑车辆重量的设计方案；然后他们开始建造一座真正的大桥，而这座大桥的结构能精确反映出他们经过计算确定的设计方案；最后的结果就是他们在现实世界建成了一座可以通车的大桥。预测的积极结果和实际的积极结果就这样融为一体。

4 友善的人工智能

如果人类知道怎样造出一个满足特定目标的优化过程，那当然再好不过了。或者换句话说，如果我们知道怎样才能造出"友好"的人工智能，那就太好了。这无疑是一个巨大的挑战。为了描述它需要的知识，我提出了一个概念——"友善的人工智能"（friendly AI）。这个词指的不仅是一种技术，还包括该技术的成品，一个拥有特定动机的人工智能。在这两种情况下，我所说的友善，都不同于人类内心的友好。

人们在听到这个概念之后，常常会立刻反驳道，友善的人工智能根本不可能实现，因为任何足够强大的人工智能，都可以修改自己的源代码，打破任何强加于它的限制。这个观点的第一个错误，就是"巨型芝士蛋糕谬误"。理论上说，任何能自由接触到其源代码的人工智能，都有能力修改它的源代码，从而改变它的优化目标。但是这并不意味着人工智能就有改变其动机的理由。就好像我并不会在知情的情况下吞下某种可以改变心智的药片，让自己以杀人为乐，因为目前我更希望我的人类同胞不会因我而死。

如果我尝试修改自己，怎样才能保证不会出错？我们可以再来看个例子：计算机工程师要验证某个芯片安装正确。假如这个芯片上焊着1 550万个晶体管，而且你还不能事后补救，那么确实需要好好检查一番。工程师会采用人工引导、机器验证的"形式化证明"[1]（formal proof）。数学形式化证明的最大妙处在于，一个需要100亿步才能完成的证明，跟只需要10步的证明一样可靠。但是如果让人类完成一个包含100亿步的证明，可信度实在不高，因为我们太容易看漏错误了。不过，目前的定理证明技术还不足以仅凭自己的力量设计并验证一套计算机芯片。现在的算法需要应对搜索空间的指数型扩张。但人类数学家不会被指数型的扩张轻易打败，他们可以证明的定理，远比现代定理证明器复杂得多。但是人类的数学既不形式化，也不十分可靠。不时会有人在先前已被广泛接受的非形式化证明中找到错误。所以人类工程师会引导定理证明器，处理

> 1. 形式化证明，即逻辑学中的"正式证明"。形式化证明并不是以自然语言书写，而是以形式化的语言书写。这种语言由一个固定的字母表中的字符所构成的字符串组成。而证明则是以形式化语言表达的有限长度的序列。这种定义使得形式化证明不具有任何逻辑上的模糊之处。

证明的中间步骤。人类会选择下一条辅助定理，而复杂的定理证明器则会生成一系列形式化证明，还有一台简单的验算器会检查这些步骤。现代工程师就是依靠这种方式，最终完成一台拥有1 550万个独立配件的可靠机器。

要验证一个计算机芯片完全正确，需要整合人类的智慧和计算机的算法。因为目前来看，没有任何一方可以独立完成这项工作。或许一个真正的人工智能可以在修改自己的源代码时采用类似的组合技能。它既有能力应对指数型的信息增长、提出大型的设计方案，也有能力严谨地验证每一个步骤。真正的人工智能或许可以通过这种方式，在完成大规模自我改善之后，依然维持原有的优化目标。

我只想借此提醒读者，在我们说某事不可能实现之前，应该参考目前最好的技术，好好想一想，特别是当这个问题的答案可能会带来巨大风险的时候。在没有经过详细调查、没有充分运用创造性思维的情况下，贸然断言我们不可能解决某个问题，是不尊重人类智慧的行为。说人类"不能"如何，实

在太过武断——比如不能建造一架比空气重的飞行器，不能提取核反应的能量，不能飞向月球。这类说法否定了一切可能，但我们只要举出一个反例，就能证明它的错误。认为友善的人工智能在理论上不可能实现，即否定了某个可能的思维设计，还有每个可能的优化过程。我们现在或许可以举出许多原因，说明这个挑战为什么无法实现。但是我们不应该太快得出结论，特别是在如此关系重大的问题面前。

5 智能提升的速度

从存在风险的角度来看，人工智能最值得争议的一点是人工智能的智能水平可能会以极快的速度提升。最显而易见的原因是，它可能会发生"递归自我改善"（recursive self-improvement）。人工智能会变得更聪明，更善于设计自己的内部认知功能，改写现有的认知功能，提升能力。而这又会让人工智能变得更加聪明，更善于改写自己，做出更多改进。

人类并不会进行激烈的递归自我改善。我们可以在有限的范围内改善自己：我们会学习、练习、磨砺技艺、巩固知识。在有限的范围内，这些自我改善可以提升我们进一步改善的能力。正如新发现会让我们更有能力做出进一步的发现一样，知识也可以递归促进。但是我们不能修改人类的大脑。说到底，大脑才是发现之源，而我们现在的大脑跟1万年前的人类几乎没什么不同。

但是，人工智能可以从头开始改写自己的代码，它可以改变隐藏在背后的优化动态。而这种优化过程带来的影响，比人类累积知识更加激烈。最重要的是，人工智能可能会在达到某个阈值之后，出现巨大的智能飞跃。I. J. 古德将它称为"智能爆炸"。

如果我们把人工智能研究的发展速度与真正人工智能的发展速度混为一

谈，就如同把物理学研究的速度跟核反应的速度混为一谈。一小群物理学家花了数年时间才建成了第一个反应堆。但是在反应堆建成之后，原子核就会以极快的速度相互作用，其时间尺度远非人力所及。基本粒子发生相互作用的速度，可比人类神经元的速度快多了，与晶体管的速度倒差不多。

我们智人这个物种，就曾经突然发生过智能效能的巨大飞跃。数百万年来，自然选择一直对早期人类施加着稳定的优化压力，让大脑和前额叶逐渐扩展，缓慢改变了人的"内部软件结构"。几十万年前，现代人类的智能忽然突破了某个阈值，在效能方面出现了巨大的飞跃。从演化的时间尺度来看，我们仿佛在一瞬之间就从热带稀树大草原来到了摩天大楼楼顶。但是这种突飞猛进式的变化，来源于持续不断的选择压力。自人类诞生以来，演化的优化能力并没有发生巨变，大脑结构的变化也是渐进的，大脑容量并没有突然提升两个数量级。所以就算人类编程者从外部对人工智能进行了细致的控制，它的有效智能仍可能在突然之间快速攀升。

我常常听到这样的反应："我们不需要为友善的人工智能操心，因为我们现在连人工智能都没有。"这是一种自杀式的误导，会带领人类走向毁灭。我们不能指望友善的人工智能技术在需要的时候凭空出现。科学家需要经过多年的努力，才能打下坚实的基础。我们需要在强人工智能出现之前，首先解决友善的人工智能的挑战，而不是在强人工智能出现之后才开始进行研究。其中的道理不言自明。研究友善的人工智能必然会遇到重重困难，因为人工智能领域本身就缺乏共识，而且高度混乱。但是这并不意味着我们不需要操心，这仅仅意味着我们会遭遇困难。这两件事毫不相干。

智能飞跃也在无形之中提高了友善的人工智能技术的标准。但我们不能因此假设编程者一定有能力在违背人工智能意愿的情况下监视和改写它，以军事力量威胁它。我们当然需要必不可少的保护，那就是我们要让这个人工智能不"想"伤害你。如果失去了这重保护，那么没有任何辅助防御措施可以保证你的安全。如果人工智能在某种情境下愿意伤害人类，那么你一定在某个地方犯了错。你等于制造了一杆霰弹枪，对准自己的脚扣下扳机。

出于大致相同的理由，友善的人工智能编程者应该假设人工智能可以全面访问自己的代码。如果人工智能想修改自己，让自己变得不再友善，那么在人工智能产生这个念头的那一刻，友善就已经失效。任何根据"人工智能不能修改自身代码"提出的解决方案，一定存在问题。

要避免"巨型芝士蛋糕谬误"，我们必须注意到，有能力改善自我并不意味着它就会选择这么做。成功的友善的人工智能，可能会创造出一个有潜力快速成长的人工智能，但是它却选择以更缓慢、更可控的方式成长。尽管如此，在人工智能越过潜在"递归自我改善"的阈值之后，你仍然需要面对更加凶险的情况。如果友善失效，那么人工智能就有可能全力进行自我改善。打个比方，它可能会达到瞬时临界。

6 局部策略和多数策略

要具体预测一个友善的人工智能会如何帮助人类，或者一个不友善的人工智能会如何伤害人类，是一场相当冒险的智力游戏。我们可以把降低风险的策略归纳为如下三类：

◆ 全体一致合作的策略。这类策略有可能因为个别成员或者小团体的背叛而宣告失败。

◆ 多数策略，即需要多数人行动的策略。"多数"可以是国家立法机关的大多数人，或者国家的大多数选民，或者联合国的大多数成员国家。这类策略需要大型组织中的大多数人通力合作，采取一致行动，但并不需要全部人都这么做。

◆ 局部策略，即需要局部人行动的策略。集中一小群人的意志、智谋和一小批资金，克服某些特殊任务的困难之处。

全体一致合作的策略固然不可行，但仍有人反复提及。

如果你有几十年来推行的计划，那么多数策略有时候是可行的。要开展一场运动，人们必须花费数年时间从头开始打下根基，直到它在公共政策中崭露头角，再到它战胜反对派。多数策略需要花费大量的时间，付出巨大的努力。历史上确实有些成功的例子。但是我们也要知道，历史书有选择性，它往往会选择那极少数影响深远的运动，而不是绝大多数以失败告终的运动。这类策略既需要运气，也需要公众有倾听的意愿。它们往往会涉及超出个人能力控制范围的事情。如果你不愿意穷尽一生精力来推动多数策略，那么干脆别做。而且就算你穷尽一生振臂疾呼，一个人的力量也远远不够。

一般来说，局部策略可行性最高。1亿美元投资不太容易筹得，全球政治也不太可能轻易改变。但是取得1亿美元，要比推动全球政治变化更容易。

> 多数策略包含两条假设：
> ◆ 占据多数的友善的人工智能可以有效地保护人类，免受少数不友善的人工智能伤害。
> ◆ 第一个诞生的人工智能，单凭自己无法造成灾难性的破坏。

这些假设反映的其实是原子弹和生物武器出现之前的人类文明历史：社会中的大多数人都能携手合作；少数反对者确实可能造成一些破坏，但是不会带来全球性的灾难。大多数人工智能研究者都不想制造不友善的人工智能。只要一个人知道怎么制造性能稳定的友善的人工智能，而且只要这个问题没有完全超出当时的知识和技术范围，研究者就会学习彼此的成功之处，借鉴经验，然后加以重复。法律可以要求研究者公开报告他们的"友善"策略，或者对那些设计出破坏性人工智能的研究者加以惩罚。虽然这样的法律不可能杜绝所有错误，但却足以保证大多数人工智能生来就友善。

> 局部策略也包含两条假设：
>
> ◆ 第一个人工智能单凭自己无法造成灾难性的破坏。
>
> ◆ 就算只有一个友善的人工智能，这个人工智能加上人类的智慧，也足以抵挡任何不友善的人工智能。

比如说，如果人类的智慧可以有效地区分友善和不友善的人工智能，并且我们可以把权力暂时给予友善的人工智能并在之后撤回，那么这些假设就有可能成立。唯一的要求是，我们必须首先解决友善的人工智能问题。

一个足够强大的人工智能，可能只需要（从人类的时间尺度看）很短时间，就能发展出分子纳米技术，或者其他形式的高速基础架构。我们不难想象，"超人工智能"有可能产生"先动效应"（first-mover effect）。所谓先动效应，指的是地球智慧生命的未来，取决于哪种智能首先达到某个关键的阈值，比如自我改善的临界点。我们可以先做出两个假设：

> ◆ 如果第一个达到某些关键阈值的人工智能不友善，那么它就有可能把人类这个物种从地球上彻底消灭。
>
> ◆ 如果第一个达到某些关键阈值的人工智能是友善的，那么它就有可能阻止恶意人工智能诞生于世或者对人类物种形成威胁；又或者它能找到其他某些更有创意的方式，保证地球智慧生命的生存和繁荣。

满足先动效应的假设不只一种。下面每一个例子都反映了一种不同的关键阈值。

> ◆ 在越过临界点后，自我改善系统可以在几周或者更短的时间里达到超人工智能的水平。鉴于人工智能研究项目十分稀少，所以其他研究项目无法快速跟上，在先动效应发挥巨大优势之前达到临界点。这里的关键阈值

是递归自我改善的临界点。

◆ 人工智能-1比人工智能-2早3天攻克了蛋白质折叠问题。人工智能-1比人工智能-2早6小时开发出了纳米技术。人工智能-1在拥有快速操纵器后，可能就有能力阻断人工智能-2的研发进程。虽然它们的进度十分相近，但是第一个跑过终点线的才会成为赢家。这里的关键阈值是快速架构。

◆ 第一个吸收了互联网的人工智能可能有能力独占互联网，阻止其他人工智能染指。在此之后，第一个人工智能可以通过经济支配、秘密行动、敲诈勒索或者社会操纵，阻断或者拖慢其他人工智能项目，使得其他人工智能无法跟上它的进度。这里的关键阈值是取得某种独一无二的资源。

　　人类这个物种——智人——就拥有先动优势。从演化的角度来看，我们的近亲黑猩猩跟我们只有毫发之差。但是智人掌握了技术，创造出种种奇观，因为我们比黑猩猩早一点儿到达"终点线"。演化生物学家现在仍在尝试理清关键阈值的顺序，因为拥有先动优势的物种在很多方面都遥遥领先：语言、技术、抽象思维……我们仍在尝试寻找最早倒下的那张多米诺骨牌。但不管怎样，智人取得了先动优势，超过了其他所有竞争者。

　　先动效应代表了一种局部策略（理论上，只需要局部的努力就能达成目标），但是它也给我们带来了极其艰巨的技术挑战。我们只需要创造出一个友善的人工智能就行了，不需要遍地开花。但是必须有人赶在不友善的人工智能出现以前，在第一次尝试时就造出友善的人工智能。

　　我目前更倾向于局部策略，第一个人工智能必须是友善的。但如果智能没有出现巨大的跳跃，那么我们就应该转变策略，制造大量友善的人工智能。无论如何，我们付出的技术努力应该让我们的情况变好，而不是变糟。

7 迎接挑战

我曾经一度认为现代文明处于一种十分不稳定的状态。I. J. 古德的"智能爆炸"假说为我们描述了一个动态不稳定系统，就像一支依靠笔尖保持平衡的钢笔。如果这支钢笔恰好竖直，它就可以依然直立。但是只要这支钢笔歪了一小点儿，重力就会往那个方向拉扯它，加剧它的倾斜程度。人工智能也同样如此，聪明的系统更容易让自己变得更加聪明。

一颗围绕恒星运行的死行星是稳定的。完全灭绝也是一种稳定的状态。我们的文明是否最终也会进入稳态？我怀疑我们要么会变得更聪明，要么就会走向灭绝。

自然并非冷酷无情，它只是对一切漠不关心，始终保持中立，看起来就仿佛怀有敌意。现实会向你扔来一个又一个挑战，如果你不幸撞上了无法解决的难题，就得承担后果。自然的要求往往是不公平的，对失败者的惩罚有时就是死亡。一个生活在中世纪的农民，怎么可能发明结核病的治疗方法？自然带来的挑战不会迎合你的能力、资源或者思考的时间。如果你撞上一个致命但是难以解决的挑战，那么你唯有死路一条。也许这样想会令人不快，但它却是人类在过去数百万年里的亲身经历。同样的事情也可能会波及整个人类物种。

如果人类不会衰老，百岁长者的死亡率跟15岁的年轻人一样，那么我们也不太可能长生不老。我们只能活到死亡率追上我们的时候。如果你是一个不会衰老的人，如果你活在一个像现在这样危机四伏的世界，你必须把死亡率降到接近于0，才有可能活上100万年。你不能开车，你不能坐飞机，即使已经环顾四周，你也不能横穿马路，因为这仍然会给你带来太大风险。但就算你为了保全性命，摒弃一切乐趣，甚至放弃生活，你也不能在100万年中越过一切障碍。并非在物理上不可能，而是在认知上不可能。

智人作为一个物种，既不会衰老，也不会永生。人类之所以存活至今，仅仅因为在过去数百万年里，没有制造氢弹的军工厂，没有把小行星引向地球的太空飞船，没有生产超级病毒的生物武器实验室，没有核战争、纳米技术战争或者人工智能。在任何时期要想生存，我们都需要把每个风险降低到接近于0。"差不多"的说法，不足以让人类再延续100万年。

我们面对的挑战似乎并不公平，控制风险并不是人类的强项。几十年来，美国和苏联一直在竭力避免核战，但是效果并不完美。有好几次，核战似乎一触即发，比如1962年的古巴导弹危机。假如未来的人类也跟我们现在一样，兼具愚蠢和智慧，就像我们在历史书上看到的那样，混合着英雄主义和自私自利，那么"存在风险"的游戏早已结束。我们已经输了。我们可能再活10年，甚至1个世纪，但不可能活上100万年。

不过人类的大脑并不代表全部可能。智人是最早的普遍智能，我们诞生在一切的开端，诞生于智慧的黎明。如果我们足够幸运，未来的历史学家可能会将我们现在的世界描述成笨拙的青少年时期。人类的聪明才智足可为自己创造出惊人的难题，但是还不足以解决它们。

在我们告别青春期之前，作为青少年的我们必须面对成年人的问题：超越人类的智能可能给我们带来的挑战。现在是人类的生命周期中一段死亡率很高的时期。迎接挑战，是关闭我们脆弱之窗的方法。这可能是我们面临的最危险的挑战。人工智能是一条出路，我认为我们最终会选择这条路。

让我们退后一步，回想一下：智能并不是人类在科学上遇到的第一个难以解释的问题。恒星曾经是不解的神话，化学和生物学也同样如此。许许多多研究者都曾尝试理解这些神秘的现象，但却以失败告终，最后认为这些东西完全无法从科学上解释。曾几何时，没有人理解为什么某些物质是惰性的、毫无生命，但有些物质却充满生机活力。没有人知道生物如何自我复制，或者我们的双手如何遵从我们内心的命令。开尔文勋爵[2]（Lord Kelvin）曾经写道：

> 2. 开尔文勋爵，即威廉·汤姆森（William Thomson, 1824 — 1907），英国著名数学物理学家、工程师，在热力学、电磁学等领域有重大贡献，领导建立了世界上第一条大西洋海底电缆。

动植物对物质世界的影响，远远超乎迄今为止任何科学探索的范围。生物体拥有控制原子运动的能力，比如人类每天都会用到的自由意志，或者植物世世代代从一颗种子生根发芽。它们明显不同于原子随机组合的结果。

科学上的所有愚昧无知，都被古人奉为神圣。每一个知识的空白，都可以追溯到人类产生好奇心的那一刻。这个空白会持续很多年，看似已经成为永恒，直到有人将它填补。我认为，不可靠的人类有可能成功造出友善的人工智能。但是只有当智能对我们来说不再是一个神圣的谜团，正如生命对开尔文勋爵来说不再是一个神圣的谜团时，这事才有可能发生。智能对我们来说，不能是遥不可寻的秘密。我们必须把制造人工智能当作一门真正的学科加以剖析研究，也许这样我们就有可能赢得胜利。

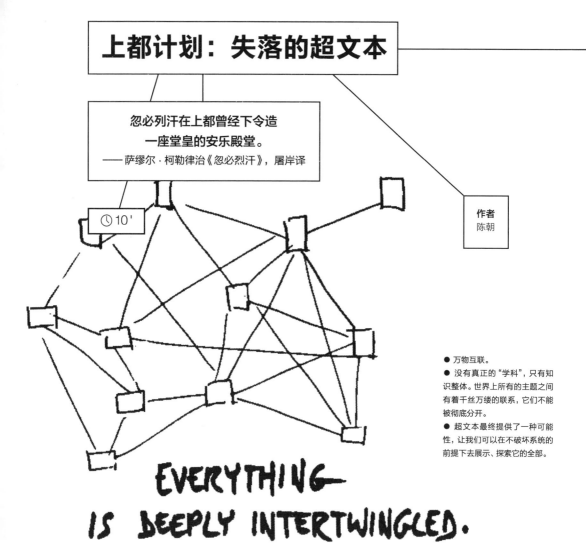

上都计划：失落的超文本

忽必列汗在上都曾经下令造
一座堂皇的安乐殿堂。
——萨缪尔·柯勒律治《忽必烈汗》，屠岸译

🕐 10'

作者
陈朝

● 万物互联。
● 没有真正的"学科"，只有知识整体。世界上所有的主题之间有着千丝万缕的联系，它们不能被彻底分开。
● 超文本最终提供了一种可能性，让我们可以在不破坏系统的前提下去展示、探索它的全部。

EVERYTHING IS DEEPLY INTERTWINGLED.

In an important sense there are
no "subjects" at all; there is only
all knowledge, since the cross-
connections among the myriad topics
of this world simply cannot be
divided up neatly.

Hypertext at last offers the possibility
of representing and exploring it all
without carving it up destructively.

革命青年

革命青年的影子已经从泰德·尼尔森（Ted Nelson）身上消失殆尽。他已经年近八旬，保养良好，外表远比年龄年轻，看起来像是一位商人或者学者（他确实两者都是）。如今即便在科技领域，知道他的人也不多了。可是回到上世纪70年代，尼尔森却是黑客聚会上的小明星。这种声名来自他自费出版的一本书《计算机自由/梦想机器》（*Computer Lib / Dream Machines*）。

和很多70年代投身计算机革命的年轻人一样，尼尔森出身良好，父母是知名导演和演员，大学就读于私立文理学院，60年代就曾经拍摄过实验电影，在哈佛大学他攻读过哲学研究生，拿了社会学的硕士学位，后来还曾创办过自己的制片公司。如果按照这条路走下去，他大概会成为一名人文学者、艺术家或者商人。但真正吸引他的还

是技术革命，而他投身革命的方式却很"传统"——出版革命小册子。

这本于1974年自费出版的《计算机自由/梦想机器》花了大约两千美金，除了开本太大，这本书倒真像是一本革命宣传册，书的封面是一只紧握的拳头，内容则由语录、拼贴等组成，就像是Twitter出现之前的"推文"。这本书阐释了个人计算机与个人自由的关系，以及技术引发的个人生活的巨大变革。书中收录的短句没法承载什么严密的论证，但先知般的论断却有着别样的魔力。这种魔力和个人计算机的技术魔力产生了共振。书籍一经出版，就被一群早期极客奉为经典。

然而尼尔森的梦想不仅是一名作家，他还有一个更宏大的设想："上都计划"（Project Xanadu）。上都（Xanadu）得名于英国诗人萨缪尔·柯勒律治（Samuel Coleridge）想象中由忽必烈营造的东方都市，其思想则是一种全新的信息组织形式。尼尔森在更早的1960年就设想了一个自带版本管理系统的文字编辑器，后来又打算加入协同编辑的功

能。在1965年提交给美国计算机学会的论文中，他描述了一种新的写作模式：在一个文档里，我们可以从某段文字查询到它引用的另一段文字，通过这一套技术，我们可以把各种各样的内容链接在一起。这就是"超文本"（hypertext），一个尼尔森首创的单词。但直到2014年，距最初的设想54年之后，一个没有完全实现最初设想的版本出现在了互联网上。

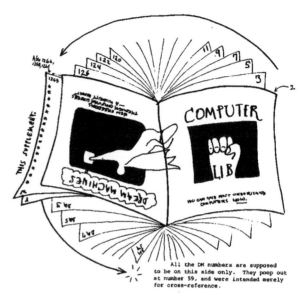

All the DM numbers are supposed to be on this side only. They poop out at number 59, and were intended merely for cross-reference.

● 《计算机自由/梦想机器》的阅读说明。

MEMEX in the form of a desk would instantly bring files and mate to the operator's fingertips. Slanting translucent viewing screens r film filed by code numbers. At left is a mechanism which automa longhand notes, pictures and letters, then files them in the desk

AS WE MAY THINK CONTINUED

Memex与NLS

很难描述万尼瓦尔·布什（Vannevar Bush）的身份。毫无疑问他是一位科学家和工程师，但是相比于同行，他的工作根植于美国政治。他对如今美国领先世界的科技有着巨大的贡献，然而最重要的贡献却不是某一项发明发现，而是他建立的科学体系。冷战中，美国的大学、研究机构、军队和企业以一种新的方式联合在一起，获得政府的巨额资金进行研发，这种体制被称为军工联合体。对此，有人欢迎，有人抵触，《全球概览》的创始人斯图尔特·布兰德（Stewart Brand）甚至十分厌恶这种体制，生怕自己成为其中的螺丝钉。然而不管个人的情感如何，这种体制推动了20世

● 如果说计算机是一种通用的控制系统，那么也让孩子们去完全使用和控制它们吧。

纪很多"大科学"的进展。现代互联网的前身阿帕网（ARPANET）几乎直接来自这种体制下的另一个机构国防高等研究计划署（Defense Advanced Research Projects Agency，DARPA）。个人计算机先驱道格拉斯·恩格尔巴特（Douglas Engelbart）加入的斯坦福研究院（Stanford Research Institute）就是这个体制中的重要研究所。

1945年，布什为《大西洋月刊》撰写了一篇文章"诚如我们所思"（As We May Think）。在这篇文章中，他预言了一种叫做Memex的机器，学者可以通过它方便存储各种文档，查询获取各种知识，一种新形式的百科全书将要诞生；他还精确地预言了这种机器必然要由当时还未诞生的电子计算机来实现。当时的恩格尔巴特还是一位在海外驻守的美军士兵，曾被这篇文章深深影响。60年代，恩格尔巴特先是加入了斯坦福研究院，后来参与组建了增智研究中心（Augmentation Research Center）。1968年，那里的科学家和工程师真的研发了一个近似Memex的系统，这个系统叫作NLS（oN-Line System，在线系统）。包含在这个系统中的，除了后来颠覆了计算机操作理念的鼠标，也包含一个超文本系统。在这个系统中允许不在线（在当时，不在线指的是手头没有接入计算机终端）的人对文档进行操作，先用电传打字机录入，之后再输入计算机中。尽管和我们现在用的互联网协同软件差异巨大，但是这个系统还是让人们可以一起编辑一个文档，文档之间可以用超文本链接互相引用。注意，这里的超文本链接还和互联网无关，只是文档之间的指向和引用。

在同一时代，出于对苏联太空进展的巨大焦虑，美国建立了DARPA。利克里德（J. C. R. Licklider）等学者在这里推进了另一项研发。1969年诞生了阿帕网，这个网络实现了计算机之间的互联，最初连接了加州大学洛杉矶分校、斯坦福研究院、加州大学圣巴巴拉分校和犹他大学。到了1973年，阿帕网已经连接到了英国和挪威。1974年，DARPA的罗伯特·卡恩（Robert Kahn）和斯坦福的温特·瑟夫（Vint Cerf）提出了TCP/IP协议，逐步成为了阿帕网的核心协议。随着时间的推移，这个网络连接了著名的学术机构，其国防意义却不再那么重要。1990年，在阿尔·戈尔（Al Gore）等美国政治家的推动下，阿帕网向普通公众开放。不久之后，超文本将在这里大放异彩。

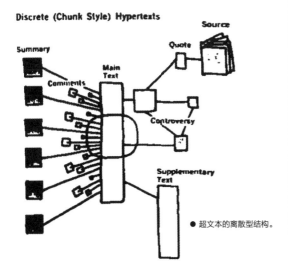

Discrete (Chunk Style) Hypertexts

Summary

Source

Quote

Main Text

Comments

Controversy

Supplementary Text

● 超文本的离散型结构。

● 表象的序列是一种专制；层级架构是一种典型的欺骗；领域的界限是一种专制；有区隔和层级的教育方式教出的心灵也是有区隔和层级的。

WWW

　　BBS、电子邮件、USENET，当时开放给公众的互联网上有不少好玩的东西。和今天不一样的是，那时还没有浏览器。直到1991年，蒂姆·伯纳斯-李（Tim Berners-Lee）在欧洲粒子物理研究所工作时，提出了一套新的协议超文本传输协议（The Hypertext Transfer Protocol, HTTP），并且定义了超文本标记语言（HyperText Markup Language, HTML）。在这个系统中，每一个事物都有一个统一资源标识符（Uniform Resource Locator, URL），访问这个常被称为网址的标识符就能访问到这个事物。不仅如此，信息可以用HTML编写成文档，在这样的文档中，可以包含指向其他文档的超文本链接。

　　1991年8月，伯纳斯-李在讨论超文本的USENET "alt.hypertext" 上发帖子公开了这个项目。他把这套基于HTTP协议的网络命名为万维网（World Wide Web, WWW）。这套系统和已经存在的TCP/IP协议整合，把IP地址和URL结合在了一起。在过去，超文本链接指的是从一个文档可以连接到另一个文档，如今，有了IP地址和URL，我们可以从一个网页跳转到另一个网页。这意味着超文本链接不需要限制在一时一地的文件，只要某个资源位于互联网上，有自己的标示符和IP地址，其他网页就可以建立一个链接。伯纳斯-李将他的伟大发明免费公开，到了1993年，已经有了多种专门访问万维网资源的客户端。想要玩这种网络，就去USENET上下载一个，就可以访问网页。我们称呼这种客户端为浏览器，其中最著名的一个是"马赛克"（Mosaic），第一个能够显示图片的浏览器。好用的浏览器很快让HTTP协议普及开来，许多人开始用HTML编写网站。

PRESENTATIONAL SEQUENCES ARE ARBITRARY

BIRDS → BEES → FLOWERS

FLOWERS → BIRDS → BEES

FLOWERS → PEOPLE → BIRDS

HIERARCHIES A
TYPICALLY

LANGUAGE
TRUTH
LOGIC

COMPARTMENTALIZED AND STRAT
PRODUCES COMPA

● 传统的教授方式、计算机辅助指导和超媒体教育的区别。

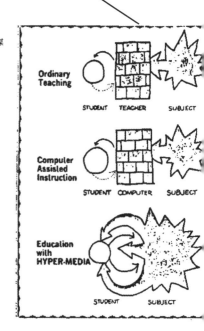

Ordinary Teaching

STUDENT　TEACHER　SUBJECT

Computer Assisted Instruction

STUDENT　COMPUTER　SUBJECT

Education with HYPER-MEDIA

STUDENT　　　SUBJECT

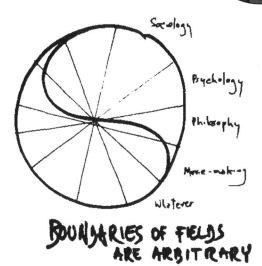

Sociology
Psychology
Philosophy
Movie-making
Whatever

BOUNDARIES OF FIELDS
ARE ARBITRARY

ING
ED AND STRATIFIED MINDS.

中。在这些文章中跳来跳去、不同颜色的高亮表达了一种近似于"引用"的关系。这一篇文章中的蓝色高亮区域对应于另一篇文章中的一段文字，而红色对应着另外一段。所谓上都计划，就是这样一套能够展现不同内容之间联系的系统，而你看到的试用版只是它宏伟构想的一小部分。

在原始构想中，上都计划的超文本链接能够实现许多功能：被引用方的授权、引用文本随着原始文本的变化而变化，而不仅仅是展示。理想中的上都本身也是一种写作的新形态：不需要按部就班设置顺序，不需要局限于单一文档。上都计划是泰德·尼尔森版本的Memex，是他个人的梦想。然而讽刺的是，这个万维网之外的另一种选择，如今只能放在万维网上，用浏览器访问。

1995年，《连线》杂志采访了尼尔森，那篇文章题为"上都的诅咒"（The Curse of Xanadu），文中的尼尔森像是一位不成功的商人和学者，古怪又充满狂想。尼尔森非常愤怒，曾表示可能起诉。可就在那几年，很多事情发生了。基于万维网的超文本链接系统，人们搭建和编写了维基百科，将科学期刊中的论文加上了链接，拉里·佩奇、谢尔盖·布林（Sergey Brin）和李彦宏分别发明了新的算法——利用超文本链接携带的信息，给网页和关键词的相关程度排序，重新定义了搜索引擎。对于世界，上都计划当然不是诅咒，却是失落的另一种可能。

伯纳斯-李曾经和马赛克浏览器的发明人，马克·安德森（Marc Andreessen）会面。据安德森回忆，伯纳斯-李对于浏览器支持图片很不以为然。尽管他将万维网开放出来，但却希望网络能像自己希望的方式发展，首

Xanadu上线

直到今天，上都计划的网站还像一个革命小册子，在一开始就是这么一段文字："计算机世界不仅是技术细节和让人眼花缭乱的乐子。它是关于软件的、政治与范式的持续战争。对于那些依然基本的理念，我们一直在战斗！上都计划常被严重误解，它要主动建立一个完全不同的计算机世界，基于一种完全不同的电子文档——平行页面，视觉互联。"

2014年，上都计划发布了一个试用版本。这个版本仅有一个页面，打开后，你看到的是一篇宇宙学文章，用多种不同颜色划了"重点"。滑动滚动条你会发现，这些高亮的文字并非重点，而是连接到了其他几篇文章

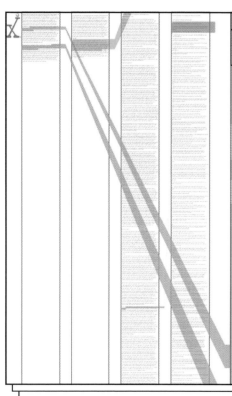

Xanadoc

Source: SampleContent/Xanadox/MoeJuste/1-zxcvb.xanadoc

STEADY STATE

The steady-state theory of Fred Hoyle (also Bondi and Gold) says that the universe has always been pretty much the way it is, except that it continues chaotic inflation theory or eternal inflation, which sometimes posits an infinite universe with neither beginning nor end, in which inflation operates continuously, on a scale beyond the observable universe, to create the matter of the cosmos"

It seems this is reviving the steady-state view, with new twists. Chaotic Inflation theory has many similarities with steady state theory, however on a much larger scale than originally envisaged. Hoyle, who is now in a permanent steady state (he died in 2001), would be pleased.

OBJECTIVITY

Scientific "objectivity" is not what most people think. There are always biases.

It is interesting to see the motivations and attitudes behind the theories. For instance, religion (pro and con) continues to be a motivating force behind scientific theory.

An example: physicist Georges Lemaitre, one of the originators of the "Big Bang" theory, had an implicit religious position. Lemaitre, as he was also an abbot of the Roman Catholic church argued that God had created 'a primeval atom' which had grown to become the Universe..

Whereas Fred Hoyle, the best-known exponent of the Steady-State

先是一个发布学术信息的工具。那一次，伯纳斯-李也找到了尼尔森。不同的是，是尼尔森指出万维网的种种缺陷，和上都计划相比，单向链接到某一URL的方法太简单，很多功能都无法靠这个办法实现。

但和尼尔森的设想不同，也不是像伯纳斯-李设计的那样，互联网以自己的方式奔涌向前。回顾技术史，几乎每一个阶段，都有几种功能近似，共享"生态位"的技术同时存在。然而我们如今熟知的往往只是其中的赢家，有些时候，赢家甚至不一定是最强大、最先进、最优雅的。

几乎可以肯定，上都计划又将成为信息领域历史书中的小注脚。对此，我们不妨回顾一下恩格尔巴特的NLS后来的命运。这个系统最终没有产品化，然而当时的参与者，后来分散到了各个研究机构和企业中，催生了大量发明，不仅是鼠标，其他工具例如图形界面、协同编辑、视频会议等在后来的数十年中逐步融入了我们的生活。

追本溯源，我们甚至无法从如今的互联网中发现上都计划的基因，然而挖掘化石，又能发现这个已经灭绝的远古生物。对于现存物种来说，它是"另一种可能"。这种可能中蕴含的思想，早已开枝散叶。

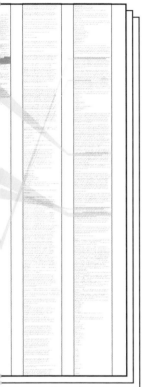

Come Dream along with me:
The Best Is Yet To Be.

DREAM MACHINES

● "和我一起做梦吧，最好的尚未到来。"
—— 泰德·尼尔森，1974

上都计划2014年试用版本的特点

● 不会失效的链接。

● 更简易和宽松的版权协议。通过特别的授权和方式，任何人都可以使用任何篇幅大小的引用，并将其顺畅地融合在一起。

● 双向链接。任何人都可以在任何页面上发布带有链接的评论。

● 相连文档之间的并排对照。展示文档的双向链接、版本之间的差异和原文本。

● 深度版本管理。文档可以增量修改，并保留每个版本；不同版本也可以延展出新的分支；作者可以轻易地辨识出不同版本的差异。

● 增量出版。在链接不失效的基础上，作者可以持续地添加新的修改内容。

108

⏱5'

超文本
进化之路

作者
陈朝

Mundaneum 1934

◆ 比利时目录学家和企业家保罗·奥特莱（Paul Otlet）提出了"世界馆"（Mundaneum）计划，该计划旨在收集和组织大量的书、文章、图片、音频与电影，建造一个巨大的共享资料库。奥特勒试图使用微缩胶卷归档数据，并借助文件连接系统使其变得易于搜索。它是最早具有超文本概念的系统。

World Brain 1938

◆ 英国科幻小说家赫伯特·G.威尔斯在同名文集中提出了"世界脑"（World Brain）的概念，他希望能有一个免费、权威且永久的系统将世界的知识联合在一起，并方便任何人在需要的时候查询。

Memex 1945

◆ 万尼瓦尔·布什在"诚如我们所思"一文中，描述了一种可以从一段资料跳转到另一段的机器，称为Memex，这是超文本思想的原型。

Pale Fire 1962

◆ 纳博科夫出版了小说《微暗的火》（Pale Fire），全书由前言、一首999行的长诗、评注和索引组成，评注部分远长于正文，读者阅读时需要时常翻看前文的注释。该书出版一年之后，泰德·尼尔森提出了"超文本"这个概念，并在布朗大学的一次会议上以这本小说作为超文本的演示。

NLS 1968

◆ 道格拉斯·恩格尔巴特带领一批学者研发了"在线系统"（oN-Line System），这个系统实现了文件之间的连接，是最早的超文本系统。

Xanadu Project 1965

◆ 泰德·尼尔森发表了上都计划的宣言，表述了一种可以交叉索引的文本，这种文本拥有索引、版本控制、互相连接等诸多功能。可直到2014年，他才发布了一个不完整的版本。

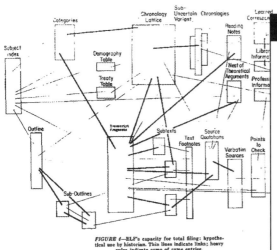

FIGURE 1—ELF's capacity for total filing; hypothetical use by historian. Thin lines indicate links; heavy rules indicate some of same entries.

HES I & II 1967- 1969

◆ 布朗大学的安德里斯·范·达姆（Andries van Dam）带领一群学生与泰德·尼尔森研发了一套"超文本编辑系统"（Hypertext Editing System），它可以在IBM大型机上运行，能够实现文本之间的互联。

FRESS 1972

布朗大学的同一批人又研制了"文件检索与编辑系统"（File Retrieval and Editing System），概念上和HES有很多差异，但同样实现的是超文本功能。

Xerox Alto Desktop 1973

◆ 施乐公司的实验室研发了基于自由技术的超文本系统。

ZOG 1972

◆ 卡内基·梅隆大学研发的一套超文本系统，它使用互相连接的卡片串联信息。

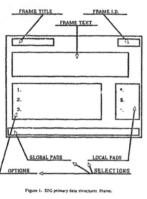

Aspen Movie Map 1978

◆ MIT研发的多媒体超文本系统，可以让用户漫游虚拟的奥斯本市街景。

ENQUIRE 1980

◆ 蒂姆·伯纳斯-李在欧洲核子研究组织（CERN）研发的一套超文本协议，但是并未公开发表过。

Xerox Star 1981

◆ 施乐公司研发的划时代的个人计算机，这台计算机的编辑器自带超文本功能。尽管没有取得商业上的巨大成功，这台计算机的成果还是被苹果和微软吸收。

KMS 1981

◆ 在ZOG系统基础上推出的商业化版本，包含了很多和ZOG近似的功能。

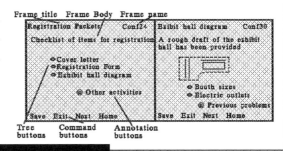

EDS 1981

◆ "电子文档系统"（Electronic Document Systems）是布朗大学研发的另一个项目，可以将文本、图片等链接到一起。该套系统虽然精致是没有取得很大成功。

HyperCard 1987

◆ 苹果公司推出的软件，可以将一系列虚拟卡片互相连接，最初连苹果公司也不知道这个软件能做什么，但是爱好者用它开发出了从百科全书到互动小说的种种奇特应用。

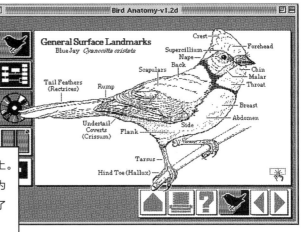

Gopher 1991

◆ 商业化网络，构建在TCP/IP协议之上。Gopher和万维网的功能极为近似，但因为开发者曾考虑收费，也因为万维网提供了更好的协议，逐步被万维网取代。

WWW 1991

◆ 万维网，真正的大赢家。蒂姆·伯纳斯-李在CERN确立了超文本传输协议，构建在TCP/IP协议之上，并用HTML语言编写。我们如今使用的互联网不管是Google、Wikipedia还是Facebook，都主要建立在万维网技术之上。

112

泰德·尼尔森语录

作者
泰德·尼尔森
（Ted Nelson）

译者
林沁

关于技术、信息、超文本、虚拟现实、应用、文件夹、智能、cyber-、图形界面、万维网，我们知道的都是错的。

⏱ 10'

计算机的目的是使人自由。
——泰德·尼尔森，《计算机自由》，1974

梦想

● 新手总觉得计算机能让生活井然有序、更加便捷。之后他们发现，学习这个系统的难度与在过程中感受到的失望远远超过他们的想象。最终他们要么是半途而废，要么浅尝辄止。

● 我相信最初的梦想仍是有可能实现的。不过它不会在今天的系统上实现。

● 为什么电子游戏的设计远比办公软件好？因为开发游戏的人喜欢玩游戏。而设计办公软件的人则希望在周末能干些别的事情。

● 有人问我："'文字处理'与'桌面出版'的区别是什么？"我怎么会知道？这些是用在商品包装上的营销术语，与概念认知和用户利益无关。

极其愚蠢的争论——Macintosh和PC之争

● 在我看来，Macintosh和PC没有差别。Macintosh的交互做得更好，但是它和PC的概念结构是一样的，都是由PARC用户界面（PARC User Interface, PUI）与普通的层级架构目录（即如今所说的"文件夹"）组成。

● 把一个层级架构目录称为"文件夹"与把一位监狱看守称为"咨询师"没什么两样，其本质都没有真正改变。（津巴多的监狱实验发现监狱看守的行为是结构化的，层级架构目录也会产生类似的效果。）

"计算机基础"的谎言

● 他们告诉你文件是分层级的；最基础的程序就是文字处理、数据库与电子表格；你必须使用"应用"；你必须费力地把自己真正想做的事处理成层级架构的文件，用"特定的应用"打开它们。

● 实际上，这些陈述都夹杂着谎言。他们描述了计算机的现况，但没说它可以是什么样，又应该是什么样。

"技术"的错误观念

● 平底锅是技术。所有人造物都是技术。但是要注意使用这个词的人。就像"成熟"、"现实"与"进步"等词，"技术"也给你的行为设置了一个议程：一般称某物为"技术"，是想让你向它屈服。

● 超文本不是技术，是文学。文学是指那些我们包装并存储的信息（一开始是书籍、报纸和杂志，现在还有电影、录音、CD-ROM等）。未来的文学类型决定了人类将被如何记录和理解。这些还轮不到"技术专家"来操心。

"信息"皆观点

● 信息都以"打包"的方式出现（媒体包，即"文档"），每个包都有自己的观点。甚至一个数据库也有自己的观点。

应用的奴隶

● 应用是一个闭包函数。你的数据不属于你，属于他们。你不能控制界面，他们可以。你只能在他们给你的选项中做选择。他们能改变软件，让你买新的版本，让你忍受学习适应新版本的不便。你很可能不想这么做，但是你无法改变，你必须学着与它共处。

● 在Unix里，你几乎可以做任何事情。这里没有"应用"。你可以启动任何程序，向其中输入任何数据。如果你不喜欢这个结果，扔掉它们即可。计算机自由就意味着用户拥有这样的控制权。

文件的暴政

● 文件是指一大堆有固定名字与固定位置的数据，它的内容可能会改变，也可能不会。

● 在创作的时候，我们需要软件来保持连续性。有些创作项目的边界与名称时常重复交叠、变更且相互联系。

● 我们需要时刻与媒体内容的主体保持联系。媒体内容应当时刻都可以移动，而不用去顾及存储在哪里。

层级架构目录的噩梦

● 层级架构目录大约是在1947年发明的，现在不太可能找出精确的发明者和时间。当时可能有人问："我们该如何跟踪所有的文件呢？"然后有人回答说："咦，我们为什么不创造一个文件，里面是所有文件名组成的列表呢？"目录就这样产生了。目录只是个权宜之计，但是错误地大规模发展了。

● 对普通人来说，真正的项目倾向于重复交叠、相互渗透并持续改变。而软件想把它们局限在一个地方，安上一个固定的名字，这种做法愚蠢至极。

"隐喻"的愚蠢

● 设计软件时不应考虑它与过去事物的相似性，它应该有独立的概念结构，以任何适当的形状组成。

● 有些人想要用"隐喻"（metaphor）这个词来概括所有的概念结构，借此模糊有相似性的概念结构与无相似性的概念结构之间的显著区别。我并不同意。我坚持认为"隐喻"只能用于形容前者，而要描述后者就要用"抽象虚拟"、"概念结构"、"构建系统"这类词。我认为这种抽象虚拟的设计才是软件设计真正要做的事。

"所见即所得"的罪错

● "所见即所得"（WYSIWYG）真正的意思是，"你看到的就是你打印出来的样子"。所以这句冠冕堂皇的口号说的是把计算机当作一个纸张模拟器来用。用电脑屏幕模拟纸张，就是几乎所有的消费级应用正在做的事。但这就像卸下波音747的机翼，把它当公共汽车在公路上开一样。

● 真正的软件设计将走进纸张无法视觉化的领域，它将打破思想和展示形式的牢笼。

"Cyber-"指"我不知道我在讲什么"

● "Cyber-"（赛博）源自希腊语"kybernetikos"的词根，意为"舵手"（steersman）。诺伯特·维纳（Norbert Wiener）发明了"cybernetics"（控制论）这个词，用它来描述利用反馈来做调整的事物，比如利用左右转向来纠正自行车或汽车的方向。所以"控制论"实际上研究的是"控制链接"，即事物与控制事物之间的连接方式。

● 但是随着它被非正式地引用至计算机的各个领域，控制论这个词引起了令人绝望的混乱。人们开始用"cyber-"开头，创造出一些愚蠢的词汇，用来描述一些他们不懂的概念。比如"cyberware"（数码假肢）、"cyberculture"（数字文化）、"cyberlife"（网络生活），它们几乎没有任何意义。从那之后，一般而言由"cyber-"开头的词的意思是"我不懂我在说什么，或者是我只是在愚弄和迷惑你"。

智能设备、智能服装、智能口香糖

● 当人们谈到"智能控制器"、"智能界面"时，是指某个地方安装有某种程序。但请不要降低"智能"这个词的价值，把它草率地用在一些驱动器、缓存器和低技术含量的小玩意儿上。

"虚拟现实"——一个矛盾的词

● 据我所知，"虚拟现实"（virtual reality）这个词是在20世纪30年代由一位法国人发明的，并由杰伦·拉尼尔（Jaron Lanier）等人推广开的。它有不少问题。

● "虚拟"的反义词是"现实"——因此"虚拟现实"是个悖论或者说矛盾词。它有点法国味，不过没什么意义。

● 按照现在的用法，它只是指三维，但是增加了迷惑性。我认为，如果你的意思是"三维的交互式图形"，你就应该说"三维的交互式图形"这个词本身。而不要引起混乱，假装是在指意义更宽泛的事物。

如今的"图形用户界面"

● 用"图形用户界面"（graphical user interface）这个词，或者说"GUI"，用来描述如今的软件外观与控制，是一个悲伤的误用。

● 首先，可以有许多其他更加图形化的界面。但是Macintosh、微软Windows和Unix的Xwindows的图形用户界面是相同的（以上按性能表现的平稳性降序排列）。

● 所有这些笨拙、相似的界面都是基于20世纪70年代施乐PARC设计出来的东西。因此，它们应该被叫做PARC用户界面（PARC User Interface），或者PUI。

● 在那个时候，它们是美妙的、创新的东西。不过现在它们过时了，笨拙且局限性很大。

"界面"与虚拟性

● "界面"这个词的用法通常是错的。"我不喜欢这个界面"一般是指"我根本不理解到底发生了什么"。而这个其实与程序的概念结构有关，与它的外观无关。

● 当人们说"界面"的时候，通常指的是"虚拟性"。

● 当你在设计或者决定一个功能的时候——通常就是这种情况——你是在设计它的概念结构和使用感受，或者说它的虚拟性。

万维网

● 万维网是一个"序列-层级架构"沙文主义者对超文本可做出的最大让步。

● 试图修复HTML就像试图给汉堡包安上手和脚。

● 上都计划并非"没有成功地发明HTML"，恰好相反，我们一直在试图阻止HTML：它的链接容易失效且只能单向链出，它的引文无法追溯源头，它没有版本管理系统，也没有版权管理系统。

● "浏览器"这个概念极其愚蠢——它想在一个窗口里按顺序呈现一个巨大的平行结构。它并不能有效地展示这个结构。

编者注：本文翻译整理自Ted Nelson's Computer Paradigm, Expressed as One-Liners，有删节。根据泰德·尼尔森发明的Transcopyright协议，需要让读者能在本译文中轻易地访问到原文。请访问 "http://hyperland.com/TedCompOneLiners" 或扫描二维码阅读原文（抱歉，这仍是单向链接）。

🕐 40'

组装生命分子的年轻人：
生物设计和 iGEM 大赛

Drew Endy:
The iGEM Revolution

讲者
德鲁·恩迪
（Drew Endy）

译者
刘斌

SALT（Seminars About Long-term Thinking）
是由恒今基金会（The Long Now Foundation）
主办的研讨会。每月一次，由基金会创始人、
《全球概览》创始人斯图尔特·布兰德（Stewart
Brand）主持。

斯图尔特·布兰德: 据说, 21世纪应该是生物学的世纪。上世纪的时候, 据说21世纪会是一个数字化的世纪, 而事实的确是这样。当我们把这些东西叫"技术"时, 它们就会占据主导地位。人们开始关注技术, 因为它们占据了新闻头条。

但如果你想知道技术是怎么回事, 想影响技术发展的方向, 就不能只关注技术, 而要关注人, 特别要关注对技术有兴趣的那些人中最年轻的人。如果关心一下他们在做什么, 特别是在前商业化的环境里, 你就会发现, 他们在做各种各样自己感兴趣的事, 可以说是百花齐放。他们没有客户, 也没有成规模的生产, 他们只是在摸索。

然后, 你就会知道技术在往什么方向发展。如果你想影响技术发展的方向, 就得跟这些人打交道。这是德鲁·恩迪(Drew Endy)的策略, 有请德鲁。

德鲁·恩迪:

iGEM大赛的源起

来自世界各地的学生都在自发组织团队, 决定要用生物学做些东西来解决问题。通过一项叫做国际基因工程机器(International Genetically Engineered Machine, iGEM)的竞赛, 他们走到了一起。

让我们看看这项赛事是如何运作的。春季是报名的时候, 2013年有超过200支队伍参赛。暑假不上课时, 这些队伍就准备这项比赛, 把它当作全职研究活动, 或者创业活动。为了帮助他们, 竞赛组织者会给他们寄去一些生物零件。在往年的竞赛中, 参赛学生已经制造出了几千个DNA。如果参赛者愿意, 就可以将这些DNA共享。iGEM基金会支持这种给予和获取的理念。参赛者拿到零件, 可以用来做任何自己想做的东西。也许他们会做出一些新零件，也许他们会将这些零件还回来，供此后几年的比赛使用。他们希望到秋天的时候自己已经做出了一些东西，而且这些东西能正常工作。他们准备前来参赛，然后他们会看到其他团队什么也没做出来，那样他们就能得奖了。这就是iGEM。这项赛事的组织者是发源于MIT的一个公益慈善组织。该组织由兰迪·雷特伯格（Randy Rettberg）领导，由梅根·利扎拉佐（Meagan Lizarazo）具体管理。他们现在对大学生和高中生团队提供支持。

为什么iGEM会存在？我们住在这个星球上，我们是它的一部分，地球上还有其他生物。如果了解一些总体情况，你就会知道所谓的"地球基因组"（whole earth genome）。它大概包含1 035个碱基对，乔治·邱奇（George Church）认为应该还再多一点，没有人真正数过。不过关于这个数字，有意思的地方在这里：如果估计一下我们拥有的DNA测序能力，那么这个世纪内应该能完成对地球上每条基本DNA的测序。DNA这种材料和处理生物多样性的系统有关。它有时是自然的过程，有时是由人类操纵的。我们人类怎样才能更好地利用生物学呢？看看自然的生物系统吧，我们很难理解它们是怎样工作的。

加州理工学院的迈克尔·埃洛维茨（Michael Elowitz）是世界顶尖的生物物理学家。他早早就开始转过弯儿来组装生命分子。这种新的东西可是很难制造的。他研究出了著名的"压缩振荡子"（repressilator），一种在细菌内部运作的振荡器。这是一种思想的开端：我们可以去设想系统性地建造遗传系统，使它正常工作。现在这方面还是一团糟，但人们可以开始想象它变得越来越好了。不管怎样，事实证明埃洛维茨是其中最杰出的人。他花了几年时间才让这个简单的装置正常工作。另一种现在流行的项目是攻克疾病，比如说疟疾。青蒿素是治疟疾的药，它从植物中提取，但需要很长时间让植物生长。然而我们可以重新编码酵母的代谢过程，让酵母来生产青蒿素。伯克利和埃默里维尔等地方在做这件事。但关键在于，需要2 500万美元的研发经费，雇用100名博士以上水平的人，才能调整酵母的代谢过程，让它能生产这种化合物。你可能会说，对于治疗像疟疾一样的恶性疾病来说，这不算糟糕啊。但对这种药物的抗药性已经出现了，所以可以预见，我们需要一次又一次重做这个项目，一次又一次。我敢说我们出得起启动资金，但维持这支团队是很困难的。现在，这类生物技术项目生机勃勃。这就是iGEM开始时的背景。

我们不理解自然系统，它们并非为了能让我们模仿而优化过。生物技术项目真是太难了。我们想用生物技术做什么呢？实际上我们甚至连设想都还没做好。在门洛帕克，每年人均有225公斤花园垃圾。它们都是从植物上掉下来的东西，最后都用于堆肥。在一个有3万居民的镇上，这就是675万公斤从环境中得到的物质。如果世界的芯片供应量是每年10亿片，每个处理器有1克重，那就是100万公斤，大概是门洛帕克制造能力的1/7了。也许我应该去想象松树上能长出计算机芯片。实现这个梦想需要很长的时间，比我的一辈子还要长，也许有不同的方法来实现。生物学可能做到的事情，大部分我们现在连想都没想到，部分原因是它还是太难了。为什么它还是这么难？因为没有多少人致力于这个方向。我们选择致力于商业或政治是为了马上解决问题，不是为了将问题变得更容易。

在我出生之前，MIT校长发表了一篇论文，说应该在MIT新开一个生物工程专业。这是1939年，就在洛克菲勒基金会开始资助在生物领域工作的物理和其他科学家的前几年。不过呢，这事最终没成。不然我在MIT的时候，我们就可以庆祝建系70周年了。西部的情况又怎样呢？加州理工倒是开办了生物工程专业。当我们开始在MIT创立这个专业时，我想，他们已经搞懂了怎么建这个本科专业，那我为什么不把他们的教材直接拿来呢？直接借用已有的解决方法，这是优秀工程师采取的办法。于是我开始读他们的教材，不过序言的第三句就写着："在这里，我们所说的生物工程不包括基因工程，即通过改变基因型来系统性地改变表现型的手段。"我也就不用往下看了。那本书有很多不错的东西：医学影像、X光、人工关节，但没有基因工程。斯坦福的情况也没好到哪里去，也许工程师们没有把力气花在这方面。

政治方面又如何呢？我主张，生物技术是一种"救命稻草"级别的技术。如果用基本的现成技术，或者我知道怎么运用可靠的技术就能治好病，那么我就会这么做，廉价又有效。当需要用生物技术解决问题时，基本上它就是解决这个问题的最后手段了。比如，有一次我需要在参议院能源和商务委员会面前作证，委员会主席是德克萨斯州共和党议员乔·巴顿（Joe Barton）。他想要什么？他会利用我们这些做生物技术的人创造什么奇迹呢？政治家想要什么？石油？金钱？是选票！"你能弄一个基因组，能让人更倾向于投票给共和党吗？"这可真是个聪明的问题。

用我们所熟悉的方式改造生物也许根本就不可能。我曾经见过一种可以自我混合的分子系统，看上去是一团古怪的胶状物，粘糊糊的，简直像是裹尸布，真是吓人。我们总是得用新东西换掉旧的，而它不用，它能直接自我复制，真令人难以置信。观察内部结构，可以发现它们几乎每个分子都不同，或者可以修改，或者可以跟其他分子合并，非常特别。顺便说一句，如果你真的能在这个问题上做出实质性的进展，那将是石破天惊的工作。也许这是不可能的。这就是iGEM大赛的举办背景。虽然如此，我们还是非常成功地开展了最初的基因工程研究，也引发了巨大的争议。

从"闪光灯"到"波尔卡圆点"

我们能不能将生物变成完全可编程的，或者完全可以工程化的？没有几家教育机构和研究型大学围绕这个问题做长期努力。这个问题本身究竟是什么意思呢？ DARPA委托我们进行这方面的研究。DARPA当初是美国为了回应苏联的人造地球卫星而成立的，其目的是防止出现出人意料的技术，不过现在他们的任务是创造出人意料的技术。他们委托我们研究这个问题：能否将生物学方便地工程化？如何实现？我们找到了能回答这个问题的最聪明的人，一起研究了18个月，将成果写成一份简报，我在2003年10月将这份报告交给了DARPA的负责人。我们将精力集中在循环上，这是工程流程的核心。不管哪种类型的工程师，做什么项目，当明确意图和目的之后，就必须着手，然后建造—测试—调试，将这个循环重复一遍又一遍。因此，我们提出的问题是："如何对这个工程流程进行优化，使它更适用于生物学呢？"就这个问题，我们提了三点建议：

第一、提高合成DNA的水平，以便把设计和建造分离。有人是架构专家，能设计出美好的空间；另一些人是建造专家，擅长建造这个空间。他们分别专门从事设计和施工。让我们对生物技术也采取这个做法。

第二、制定标准。这些标准为协调工作奠定了基础，让人能分享工作成果，这至关重要。

第三、我们从计算机编程中借用了一个概念，叫"抽象"。能不能通过这种方式，在某种程度上控制生物的复杂性呢？

我们在2003年的报告提出了这三点想法。将设计和制造分离、用标准来协调工作、用抽象来控制复杂性。然后怎样了呢？对生物工程的地位来说，2003年真是麻烦的一年。在那24个月前发生了炭疽攻击，美国处在戒备状态。当时对生物安全还没有很专业的研究，大众也不是很熟悉，今天可能也还是这样。所以DARPA认为这份简报和其他类似工作也许会引发公众的反对意见，于是它们就不了了之。我们又回到了校园，想找些事做。

我们发现了一个现象：虽然我们没有很多钱，但有很多学生。这是一种可再生资源。想想看，一个十来岁的少年被一所顶级工程大学录取，然后大学跟他说，他也许可以拿一个生物工程的学位，这听起来很有意思。如果你是这个少年，现在是21世纪，你希望学到什么？我们只需要听听他们的想法。学生们会说，想治疗疾病，想改善环境，好吧，每个人都想做这些事。那为什么学生物工程呢？然后他们会说："噢，你可以教我怎么设计生命。"如果

1.《孢子》，美国艺电出品的模拟类游戏。玩家要从数十亿年前的单细胞生物开始，逐渐进化成多细胞生物，再进一步发展大脑功能，最后产生群集生物，体验生命进化的过程。

电气工程专业的老师可以教学生设计并建造一台电脑，那么生物工程的老师肯定就可以教他们设计一个生命体了。当时电子游戏《孢子》[1]（Spore）推出，大受欢迎，学生提出想调试它的程序，我们能教这方面的东西吗？这就是这些可再生资源的要求，他们提出了很大的问题。我们真的不知道该怎么教，或者说仍然不知道怎样很好地教。所以我们面临着这个问题：是不是要用50年或更长的时间把所有东西理顺，然后再回来教？还是我们向学生承认，我们不知道怎么教？我们采取了第二种方式。我们能这么做的原因之一是MIT有一项很好的活动，叫IAP。秋季学期12月结束，春季学期直到2月才开始。那么1月干什么呢？任何事都可以。有些人去夏威夷，但多数人还是留在寒冷的地方。任何人可以开课讲任何题目。因此，汤姆、杰里、兰迪和我决定开一门叫"闪光灯"（blinkers）的课——我们要将闪光灯基因工程化。

要说明的是，我们不把时间花在实验室里，只打算让学生设计基因振荡器，然后我们会付钱找别人来建造和测试。当时在华盛顿州贝瑟尔有一家很好的基因合成公司，是由一位叫约翰·米利根（John Milligan）的MIT校友创办的，他外号叫"蓝苍鹭"。他给我们优惠，以4美元一个碱基对的价格"打印"学生设计的DNA。对我来说，筹集8万美元还是可以做到的，这足以支付打印两万个碱基对的费用。于是我们说："好啊，这件事我们可以办成，我们有学生。"然后碰到问题了：学生们完成的设计不是2万个，而是3万个DNA碱基对，所以我得花12万美元。我没有这额外的4万美元。

曾经当过电气工程师的汤姆·奈特（Tom Knight）帮我们解决了这个问题。他设计了生物零件的"强效物件"标准组装法。标准生物零件，或者叫"生物砖块"（bio brick），是汤姆发明的术语。现在看来，这已经是10年前的技术了，不是什么尖端科技，但在当时绝对超越了时代。这种方法是组织遗传物的一种方式，就是简单地将一个物体和另一个结合起来，跟你把任何两样东西放在一起一样。一旦把两个零件结合在一起，就产生了一个复合物件，可以像处理任何其他物件那样处理它。这就是"强效物件"的含义：在生产过程中制造出可以在这个过程中重复利用的东西。具体地说，跟酶切位点和DNA周围的界限有关。其实还有很多问题，但总比什么都没有强多了。兰迪知道了汤姆的发明和我们的预算问题，然后做出了突破性进展。他说："你知道吗，那个团队设计出了振荡器，他们需要一个DNA结合蛋白。"但我不理解他在说什么，因为很久很久以前他还在蝴蝶处理器上做互联网协议族。我只知道，他们需要的那一段DNA跟这个团队所需的是同一块。如果有办法能让他们分享这块零件，我们就可以只合成一次。我们必须让大家协调合作，共享成果。兰迪说："嘿，大家听着，我这里有一堆号码。"他开始给大家不同的DNA片段分配号码，这样，我们就可以查哪些号码代表的是相同的片段，从而节省了成本。不用在DNA上花12万美元了，57 000美元就够了，比原来的预算还少13 000美元。

6个月之后，合成好的DNA才寄回来。这是因为我们把工厂的能力推到了极限，学生们设计的东西对工厂来讲很难合成。那么等待的时候我们干什么呢？我们决定：管他呢，接着再教一遍这个课呗，我们很喜欢。这的确是一个重要的决定，因为当时是10月，我们的课1月份才开。这一次我们不叫"闪光灯"了，改叫"波尔卡圆点"（polka dots），我们还有了更多的学生。

现在，我要着重指出几点。一开始，激励我们去做iGEM的不是学习，而是建造。在过去一个世纪，我们学习生物学的方法是将生物拆开，看看里面的零件都是什么，但我们也可以通过建造和反复试验来学习。这条途径作为科研方法的补充有它自己的价值。同时，我们还采取了一种游戏的、玩耍的态度。这句话是从文化层面上说的。如果我要发动另一场讨论，我要说："对市场上的这些生物技术，有多少人是完全满意的？"我们的生物技术文化，生物技术政治，它们是否正确？这种思维方式提醒我们，如果要得到我们期望中那样的生物技术，也许我们应该先去游戏，去创造与那种技术相伴的文化。在叫"波尔卡圆点"的课上，我们在1个月内就建造好了所有的DNA。现在我们知道迭代—继续的做法是正确的，所以没有再等一年，就开始组织竞赛了。

那年夏天，我们把五所学校拉到一起举办"2004年合成生物学竞赛"。有一队参赛者做出了一些东西——不只是框架，而是真的能够用的东西。他们做出了光敏大肠杆菌，这样就可以给细菌和培养皿拍照了，他们还提供与之配套的天然纸张。所以，按项目数量计算，我们有20％的成功率，这很酷。这种事是第二次发生了。兰迪教导我们要去填补真空，对我们来说，这个真空是：没有人在教后现代化时代的基因工程课。有那么多年轻人理解生命在这个星球上的重要性，只是现在还没有实际能用得上的技术。如果我们能在工程上做得更好一点，就能够做出一些不错的东西，但没有人帮助他们朝这个方向前进。虽然有各个方面的专家，但在这方面我们做得仍然很不好。因此，也许我们应该共同努力，帮他们达到那个目标。这个领域是有市场的，进入这个市场甚至不需要广告预算，只要诚实就够了。所以2005年来了13支队，再后一年来了40支队。扩张很明显，兰迪是正确的。2006年的学生们自我意识很强。他们做了张世界地图，标出自己的国家，这样就能看出来哪些地方的人没有来跟他们一道享受乐趣。南半球的代表很少，从中国来的人完全没有。后来中国的学生邀请了我们：嘿，你们来天津吧。中国排名前六的大学都邀请我们去跟他们共度一个周末，商谈他们如何才能加入进来。第二年，其中的五所来参加比赛了，北京大学队还赢得了比赛。

基因工程项目的应用实例

根据物理学家罗布·卡尔森（Rob Carlson）的研究，基因工程发明40年来，美国市场上的基因工程产品使经济增长了2%。现在白宫也使用这个数字。这部分工作大致可以分为食品、药品和其他。"其他"方面的例子比如在肥皂里使用的酶，能做出更好的肥皂。这个领域一直在增长。一代人之前它在经济上还不存在，这个产品类别也不存在。我们的学生进入了这个领域，iGEM的参赛者进入了这个领域。这些是我们的文明所需要的行业。

我们知道，生物生产要是上了规模，有时候就会有点不正常。在北京奥运会的帆船比赛地，污染物从陆地进入水中，导致能进行光合作用的生物大规模繁殖。世界野生动物组织的乔恩·胡克斯特拉（Jon Hoekstra）告诉我们，大规模部署生物生产必须实际占用土地。乔恩向我展示，地球上24%的土地能够生长人类广泛种植的作物，我们已经在同这部分土地打交道了。所以，如果要考虑在可持续生物生产平台的基础上重构我们文明的能源供应链，就必须想明白把它放在什么地方。是要挤进那24%，还是改变我们的环境和能源负荷来生产这个平台？再举一个例子：杜邦，这是一家价值600亿美元的公司。他们目前在市场上投放了6个基因工程产品，创造了利润。他们的目的是要砍掉整个石油化工生产制造部门，完全转向生物生产。这是他们在企业创办后第三个世纪的策略。如何能用可持续的生物生产满足我们文明所需的生产能力呢？我们如何能让这条途径可行呢？到底能不能做到？杜邦管现在的生物生产叫做冰山一角上的雪花，他们很清楚地认识到了这一点。那么这和iGEM有什么关系呢？

这是一个成功的iGEM项目的例子。2009年，英国剑桥大学的学生不喜欢大肠杆菌的暗棕色，于是他们做了一个项目，耗资25 000美元，10个十几岁的学生在16周内开发出了7条生物合成路径，让大肠杆菌能显示各种颜色。他们是怎么做到的呢？他们探索这些合成路径所需的一半DNA是在夏天开始时免费获得的，是之前的iGEM学生做的生物砖块。他们所需的另一半DNA是定制的，以前没人做过，是DNA 2.0公司在门洛帕克给他们合成的。DNA 2.0的创始人兼总裁是剑桥大学的毕业生，所以给了他们很优惠的价格。好了，那么现在你会用这些活生生的颜料做什么？他们不知道自己其实已经在实验室中开拓出了一片很大的新天地，但至少他们意识到自己不懂，因此决定寻求帮助。他们找到了英国皇家艺术学院，去跟设计师交谈。设计师的工作是去想象那些人们还不知道自己想要的产品。要是这样多好啊：我吃下带有基因编码感受器的益生菌酸奶，到我的肠子里，如果我健康状况良好，那么我排泄出来的是正常的棕色，但如果我有某个方面的健康问题，那么排泄物将会是一种特定的颜色，提示我应该去看某个专科。这对结肠镜检查非常有帮助。设计师们管这个叫"目录"（catalogue）。

伦敦的设计师认为，到2049年，我们会在文化上对这个产品做好接受的准备。从技术上讲，能够做到这个水平的时间要早得多。为了在未来的iGEM上探索这个领域，我们决定招标一个项目，叫做合成美学。我们拿到了大概25万美元，用这笔钱支持一名艺术家在实验室里待一个月，反过来也支持一名生物技术专家在艺术工作室里待一个月。你们看出来这会有什么可能了吗？我讲一下6个案例中的一个。

西塞尔·托拉斯（Sissel Tolaas）是来自柏林的香水调配师，她同哈佛的微生物学家克里斯蒂娜·阿加帕基斯（Christina Agapakis）一起工作。西塞尔说："我是香水调配师，但其实我对奶酪的气味感到很兴奋。"那么微生物世界有什么让你兴奋的吗？在当时（现在仍然是这样），微生物学界非常令人兴奋的是所谓的"人体微生物群落"：在我们身体上和身体内有那么多微生物，它们是我们的一部分。哈佛旁边有一家很棒的奶酪店，有自己的奶酪老化洞，所以她们去了那里。项目开始的第一个星期，她们取出味道最重的奶酪样品，装在试管里带回实验室，把这些样品做涂片，看哪些微生物能够确定是什么细菌，也观察奶酪上的所有微生物。很快，克里斯蒂娜和西塞尔进行了如下谈话，类似这样："一些奶酪是小批量手工奶酪，它们是由有手的人类做的，他们亲手接触了材料，他们的手有皮肤，皮肤上有微生物，奶酪里有微生物，那么奶酪微生物群落和人体微生物群落有什么关系？"如果在文化里没有"反复试验"这个成分，你很可能会采取科学方法：将它们全部测序，用计算机列出可能的模式，然后就可以宣称其中的关系是怎样的了。但"反复试验"的人采取的方法有些不同。她们说："我们不知道怎么样，所以让我们试试吧。去哈佛校园的各个地方，收集同事皮肤上的微生物样本。去农场采集山羊的原奶，用微生物样本接种48瓶样品，然后做出一些奶酪。"这一切都发生在一周左右的时间里，我当时正好路过波士顿，她们端出48种不同的奶酪——我们考虑到食品安全问题，所以没吃，但我们闻了。我直到今天还记得，"戴西腋下的奶酪"非常棒，它的柑橘花香气美妙非凡。而"哲学家脚趾奶酪"——需要创造一个新的形容词来形容它有多糟。这与人有什么关系呢？我们想做到什么事情呢？

在我成长的过程中，妈妈一直告诉我：要吃完碗里的绿色蔬菜，把身体看作神殿，我就是我吃的东西。对我来说，这个项目把这个观念扭转了过来：我吃的东西就是我。我那天晚上跟一个富达证券的银行家一起吃饭，我觉得我用这个故事毁了他的食欲，不过他也许后来想明白了，给出了恰恰相反的反应——而这又是在我意料之中的。他说："这是10亿美元级别的市场。"他的意思是名人奶酪。要是奥巴马总统最近在这里，可以做一种政治筹款奶酪，可以给民主党人做一种蓝色奶酪等等。

再谈谈另一个iGEM项目。有几个学生觉得大肠杆菌的颜色没什么问题，但不喜欢它的气味。因此他们做了一个叫做"自动大肠杆菌"（Auto coli）的项目。大肠杆菌的粪臭味与吲哚相关，于是他们可以敲除吲哚的生物合成，然后在细菌中添加基因和调节器，以达到这样的效果：细胞在生长时，水杨酸甲酯的生物合成增加，它会让你闻到白珠树属植物的香气；当细胞处于静止期时，这团饱和的培养物闻起来会像乙酸异戊酯，就是香蕉的气味。他们用一个夏天就完成了这个项目。你会用这个成果做什么呢？这会如何改变香水呢？香水其实是我们文明的一种暗示，我们用石油和植物化学物质集约化制造这种产品，然后运输。人们购买它们，然后倒在自己身上，希望我们的气味闻起来不错。那么其实可以建立一个网站，就叫iFumes，以99美分的价格提供DNA

序列下载。这个序列编码的是芳香物质的生物合成途径。不论我在哪里，都可以用我的DNA打印机立即制造出这个DNA——请记住，我们想要把设计和制造分开——然后我把这个DNA涂到我的表皮生态系统上，这就是可编程的香水。这需要非常大的营销预算，需要解决还没有真正处理过的各种安全问题。这样看来，我们或许可以改变生产材料的供应链，或许可以砍掉运输成本。这种思考很有意思。

基因工程的标准化与共享精神

iGEM背后的推动力量之一是标准化的理念，这样的技术标准可以根据劳动的分配情况对其进行协调和利用。在这里，我用一个古老的例子正式向你们介绍这个理念：西班牙塞哥维亚的大渡槽[2]。两千年前，人们就协调工作，建造了这个看上去不可能完成的工程。需要注意的是，渡槽的人工部分是由石头制成，但所用的石头不是乡间石头原来的样子，而是加工成统一规格的。在很长一段时间里，统一化使采石场和建造工地的协调成为可能。我们今天仍可以继续修补这个建筑。如果能协调工作，就可以将对个人来说不可能的事变得可能。因此，如果我们可以让标准在生物工程里发挥巨大

> 2. 大渡槽，位于西班牙塞哥维亚的古罗马大渡槽。修建于公元1世纪左右，从建成到1884年，塞哥维亚市民一直使用这个大渡槽引水。让人震惊的是，大渡槽所有石块之间没有使用任何粘合剂却能做到严丝合缝。

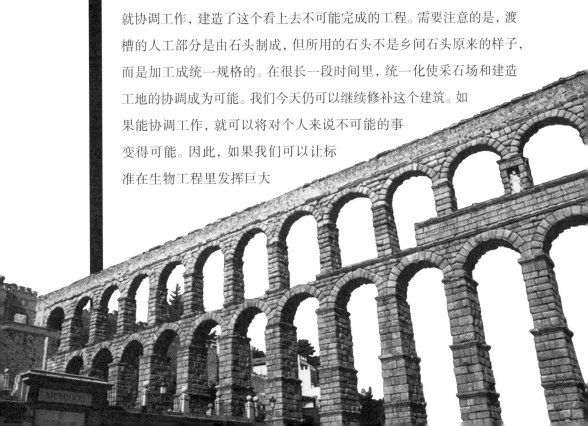

的影响力，这会是一件大事。它会创建一个社区，让许多事发生，而在其他条件下这些是根本不可能的。

然而，仅仅把东西组合在一起不是重点，重点在于它们在一起时，会按照你设想的方式运转。这就是所谓的功能性组合物的标准。让我举一个例子：如何测量？有没有人知道金门大桥长度是多少英里？什么是1英里？什么是1公里？我们知道它们是什么。那么1斯穆特（smoot）是多长？大多数人不知道。我们需要协调测量的标准。我们需要协调表达方式来共享信息。这在技术界引起了巨大争议，如果你是在公司或大学做研究的专业人员，在设法为生物零件的标准化争取资金支持，你就会知道这真的很难。世界上根本还没有标准生物零件这种东西，因为在生物学领域，一切都是由具体环境决定的。环境改变了，生物就会去适应。将DNA像文字一样插入基因序列，或者重复利用一个生物零件，这种想法永远不会成真。在iGEM上我们重复利用蛋白质，它们在不同环境下的表现绝不会一样。

不过让我们看一个例子。我想在我斯坦福的实验室做到这样的事情：拿过来一段DNA，将它旋转过去，再旋转回来。如果我在一边放一个类似"1"的东西，另一边放一个类似"0"的东西，我就可以控制哪边可以接通。这就是一个数字数据寄存器——染色体内的01寄存器。我们花了3年实现了这个设想，尝试了750次，750种不同的DNA设计，实现了能让细胞保持"0"状态，切换到"1"状态，保持"1"状态，再切换回"0"状态，如此这般。所以生物砖块的想法可以完美实现，它们就像乐高积木。当我们开始做这项工作时，批评的声音很大。我的经验是，制造标准化生物零件的最大问题是争取资金支持。我和亚当、马克在1999年写了一篇论文，申请经费来制造一批标准生物零件。我们一直写啊写啊，一直写到10年之后的2009年，才得到了资助。因此斯坦福和伯克利的联合项目才得以启动，我们在加州艾默里维尔建了一个试点生物制造工厂。我们证实，可以在细胞内制造可供基因表达用的标准件。这些例子说明，人们曾经习惯的想法——永远无法得到可靠的功能性零件——是错的。现在，我们还没有解决所有问题，但已经证明，实现这个目标并非不可能。这有很大的意义。

我花了3年做出了一个性能良好的旋转DNA，那么现在可以把它放进黑盒子里，可以把它抽出来，可以重复利用它，与现有的运作良好的零件一起工作。我可以旋转其他DNA，比如说一个止回阀，这是一种能阻止读取DNA的装置，不过我旋转它，就能把它解除。这就是一种数字开关。我们管这种装置叫生物晶体管。现在有了性能良好的旋转DNA，我们将它们以新的方式结合在一起，然后我们问：该用这个东西做什么？

我们发现了一个来自爱尔兰的名叫科克（Cork）的家伙，他是19世纪50年代的人。他思考的是语言这类东西。他想：为什么会有"和"、"或"这类词呢？因为这些词是有用的。比如说：如果下雪或下雨了，我的外

> 3. 布尔逻辑，得名于考克大学的英国数学家乔治·布尔（George Boole），他在19世纪中叶首次定义了逻辑的代数系统。现在，布尔逻辑在电子学、计算机硬件和软件中有很多应用。

套在哪里？这些词太有用了，以至于人们想利用任何可以工程化的材料来表达它们的意义。而我致力于将工程融入生物科学中，所以我将布尔逻辑[3]带入染色体，做出了一个布尔式的与门。旋转第一个零件和第二个零件，就是"与"操作。我们使用花了10年时间争取到的资金，用标准化零件和旋转DNA实现了所有的布尔逻辑。在这个项目上我们投入的是最好的技术。做实验用了12周，论文发表花了20周。我第一次成功重复利用了现有的零件。那是在2013年。

好了，回到iGEM社团。我们需要协调测量工作，那么就让社团来做吧。终于，有人愿意出钱支持开发测量平台了。最近，很多人共同发表了一篇论文，研究如何共享信息。他们管这个叫合成生物学的开放

语言平台。我估计现在80％到90％做这方面工作的人是iGEM的毕业生。因为他们有协调工作和共享的经验。

让我更进一步，把这件事放在更广阔的背景下。40年前，基因工程发明了对DNA的剪切和粘贴，聚合酶链式反应（PCR）大概是同时出现的，测序技术也有了。这些是基因工程的核心工具。10年前的iGEM所代表的精神是：让我们持续提高自己的能力，深入探索设计—合成—测试循环。如果我们能一点点地提高自己在设计、合成、测试生命系统上的水平，坚持一段时间后，做出的人工生命质量就会有几何级数的提高。这一点我们已经在其他材料上做到了，我们也会在生命体上实现。所用的工具是：将设计和建造分开的合成工作，对复杂事物的管理能力，协调工作的标准，而最重要的是——不要止步不前。也许还有其他什么，不过这些就是iGEM到目前为止所包含的精神。它们之所以重要，是因为这项工作带来了许多挑战，我一点也不知道这些问题的答案是什么，也不知道它们将把我们带往何方。

在此，我要引用比尔·乔伊（Bill Joy）的话：不管你是谁，大多数人都会为其他人（不是你）工作。这是乔伊定律的简单版本。这是对的，iGEM就是一个例子。在生物学和生物技术领域，那更是无比正确。比如，最聪明的生物学家中，大多数人都不会为我工作。大部分能做出我需要的小零件的生物工程师也不会为我工作。然而生物领域还有太多未知有待探索，我们在本世纪仍然会做出很多生物学上的发现。类似的隐藏问题还有很多，所以怎么办呢? 在太阳微系统公司（Sun Microsystems），这个问题的答案在一定程度上间接促成了Java的发明，Java使所有程序员都能为太阳微系统公司工作了。这在当时是相当有趣的。如果当时从事我这项事业的是其他人，深入钻研的是他们，那么今天我想用到的大部分零件都会是归他们所有的。

生物学是很有意思的，因为你发布的是制造平台。我们的文明允许集约化制造，但想想面包机、酸奶菌种、啤酒厂，是谁控制了这一切？绝不会是你，即使你是杜邦。大部分的生物制造能力都将在其他人的控制之下。你又能搞出来什么花样呢？那么，我们为什么认为这件事会发展成有利于地球上全人类的大好事呢？当我申请MIT的工作时，我们知道想让学生做哪方面的工作，但不知道怎么做才最好。因此，如果你去查我的历史，我当时建议的是开展一场名为"虚假战争"的学生竞赛，学生们设计细菌和病毒，互相竞争。当时电视上有机器人在打斗，所以我这个点子会引起很大的反响，会很有趣，评判也很容易。把各种各样的设计往反应器里一扔，出去吃晚饭，第二天回来，测量谁的菌落数量最高就行了。幸好，我们有意识地没往这个方向走。因为这样就规定了大家必须得做什么，这是巨大的错误。很多人想自由地去做与自己相关的东西，那样就没法引起他们的共鸣。

我们在考虑一些问题。比如说，谁来领导生物安全工作？不是说做生物安全工作本身，而是弄清楚生物安全到底是怎么一回事，制定生物安全计划，防止有人蓄意搞破坏。另外，我们已经谈过土地使用问题，那么生物可以对此做些什么呢？如何平衡私人和公共财富？谁来决定工作方向？我们如何让生物事业不仅仅跟工业化的生活有关？我不想改变大环境，但想实现人与自然共同蓬勃发展。我们怎么面对这些问题呢？你们知道谁能够最好地回答这些问题吗？没有人。没有人有很好的答案。但是，其中最好的答案会来自iGEM的参赛团队。这不仅是因为他们一直在想这个问题，还因为他们合在一起是一个富于建设性的社团，试图以积极的方式解决这个问题。

我们的生物安全框架已经快40岁了。这是由玛克辛·辛格（Maxine Singer）、戴维·巴尔的摩（David Baltimore）等人在太平洋丛林市完成的工作。他们做得非常完美。但是，时间已经过去这么久了，他们已经跟不上iGEM的脚步了。谁将领导生物安全呢？或者，谁将拥有它？

我想看到很多生物技术成真。我自己没法做到这一切，我需要激发很多人的能力。我愿意让你用编程语言对生命编程。我觉得自己正从已经存在这种技术的未来出发，逆着时间顺序工作。我采取这一立场的理由是：我观察现在的计算机软件，现在最常用的15种编程语言中，有12种显然可以免费使用。它们并不都是一开始就是为免费的目的开发的，但现状就是这样。所以，现在对编程语言有一种正向选择机制：如果语言想存活下去，就得免费。我想要一种能对生命编程的语言。编程语言有这样一种特点：可以从终点开始往前推，弄明白它应该如何工作。我需要一本关于基因编码的生物功能词典，其中所述的用途是可以免费使用的。我需要语法来撰写它们。我管在这方面的第一步探索叫基因操作和编程。我想要在一个吃糖的有机体、一个需要甲烷的有机体、一个需要木屑的有机体和一个需要光的有机体上实现我的想法，还想在跟我们共生的某种生物体上实现。我要从这一点起步。

iGEM的确有开创性的意义。他们一一记录下自己免费获得和提供的生物零件，列成清单。跟iGEM有关的这种小玩意数以万计。谁拥有它们呢？不知道。我们根本不去想，因为耗不起这个时间。我们打算就这样做下去，直到有人投诉，

> 4. GPL协议，即通用性公开许可证（General Public License）。GPL同其他自由软件许可证一样，许可社会公众享有：运行、复制软件的自由，发行传播软件的自由，获得软件源码的自由，改进软件并将自己做出的改进版本向社会发行传播的自由。

发出正式通知。然后，我们就会删除这个零件，有点像下架。但是，这是法律的空白地带，没有数字千年版权法案，而这个法案和其他一些律条都有所谓载体豁免的规定，免除做再分配工作的中介的责任。在生物技术领域没有任何这样的法律。我们白手起家，正在通过生物砖块基金会（BioBricks Foundation）起草这方面的公开协议。我们找的律师就是跟理查德·斯托曼（Richard Stallman）一道创建了GPL协议[4]的那些人。但是，我们不能使用版权类的协议，所以用的是跟双边合同类

似的文件。到目前为止，我们已经将19种零件带出了法律空白，可以
供大家免费使用了。我们免费赠送一些很漂亮的东西，比如所有那些
逻辑元件。但我最喜欢的是荧光蛋白，它们让细胞内部发光——这就
是我们为测量准备的米尺一样的标准，DNA 2.0的公司将它们免费公
开。我们还有很多工作要做。

结语

如果你去全世界排名前200的研究型大学，问他们：你们开办了适
合21世纪的基因工程专业吗？大多数回答会指向一个iGEM团队和这个
团队留下的遗产。我挑选了一些自己最喜欢的来自Y Combinator和其
他孵化项目的生物技术公司。它们都还没拿到很多钱，但是在往正确
的方向上走：共享、确定工作领域、与商业和商业网络合作。它们都是
由iGEM毕业生创办的。不久前，我们的第一座生物工程大楼在斯坦福
大学里盖好了。这是10年来第一次，我在一座外面写有"生物工程"的
建筑里工作。这栋楼的整个一层都布置成了一间巨大的iGEM工作室。

我们知道生物学可以做出很多东西，但还不是很善于同生物学合
作来制造东西。在公共领域，生物技术的文化还远远不够完善。我们怎
么理顺这一切呢？一起研究，共同努力。关于未来的前景，如果有人问，
我们为本世纪留下的遗产会是什么？看上去，这个遗产会是让生物变得
更适宜于工程化。其中的秘诀是对设计和建造技术一步步的锤炼。这
一定得通过对生物的"反复试验"才能实现。为什么？因为如果我们成
功了，就能利用到所有建设性的生物技术。自上而下的控制方式做不
到这一点，只有分布式的、草根的、有机的方式才可以。如果能正确地
走下去，那么我们有可能重新定义文明和自然的关系，让双方都能蓬
勃发展。希望你能记住那个合成美学的例子，它不只能让我们这些怪
人欣喜若狂，它还是创意设计，是道德伦理，是启蒙。谢谢大家。

🕐 20'

潜入黑暗的边疆

作者
denovo

插图
邢晨
second

作者提醒：

洞穴和沉船潜水为高风险活动，

请先接受相应训练，

了解相关危险后

再从事相关活动。

很多人问我：进洞进船，那么黑，你不害怕么？

我不知道怎么同他们解释，封闭空间潜水最美的时刻之一，便是关闭所有的灯光，陷入那原初的、亘古的、纯粹的黑暗之中。没有人间浮华，没有尘世喧嚣，甚至没有无所不至的光线，无孔不入的声音，只有绝对的黑暗与宁静。

有人约我为潜水品牌做代言，我很奇怪：那么多盛名在外的技术潜水员，个个比我优秀比我有成就，为什么选中我？他说："因为你可以让大家看到，普通人也能走这么远。"

在朋友的潜水店里玩，有新晋女潜水员表示疑虑，怎么背得动双瓶，玩得动技术潜水呢？朋友们总是指着我说："她都可以，你也可以的。"

我想，或许我的确应该让大家看到，一个身材娇小四肢孱弱小脑极度不发达，下水就紧紧跟着教练半步不敢远离，从不相信自己会超出休闲范畴的潜水员，究竟是如何一步步进入黑暗的疆界。

人们对黑暗的恐惧其实有充分的理由。没有光的地方自然没有出路，无论发生什么情况，有多么危险，你都必须原路返回或是找到最近的出口才能回到水面。在开放水域进行30米深度内休闲潜水的时候，你总有紧急上升这个类似于"重启电源"的终极选项，但在封闭的空间里，你并无选择。许多洞穴和沉船的入口都竖着一块警示牌，里面常常会写上一句：此前已有潜水员葬身于此，请珍惜生命。

无论有多么好的技术，多么冷静的头脑，多么谨慎的计划，在黑暗的深处你永远不知道会发生什么。在黑暗魔力召唤下一次次踏入其中的人们，大抵是不介意就此归去的。有时候我们甚至会觉得，就这样归去才是最好的，如同《碧海蓝天》里那句著名的"我需要一个浮上水面的理由"。

在菲律宾苏比克湾，最值得探索的一艘沉船是美国巡洋舰"纽约号"。几年前，一位在当地十余年的沉船潜导为救一名潜水客死在船内。他的尸身模样平静，离出口也不远，以他的技术和对纽约号的熟悉程度，实在很难解释他怎么会和游客一起困在里面。他的很多朋友觉得，或许，这是他自己的选择。

不过绝大多数时候我们并不想死。我们会有保守的气量计划，在背上两瓶气用到1/3的时候就掉头回转，留足够的气体余量来应对紧急状况。我们会有大量冗余的装备，两套呼吸调节器，两只面镜，三支"电筒"（请原谅我用"电筒"来极度简化对照明装备的称呼），还有最重要的备用——潜伴，来保证装备故障时能够就地解决，安全回到出口。我们会沿途铺设一直通往开放水域的引导绳，并且保证自己时刻不离它左右。我们会模拟各种极端情况——装备失灵，失去所有照明，彻底失去能见度，丢失引导绳，丢失潜伴——来培养冷静的心态和应对的技能。

然而不管有多少准备，最不可或缺的，还是精准的个人技术。封闭空间对浮力控制、姿态、踢法都有着苛刻的要求。时间长了，难免培养出对技术挑战几近变态的热爱。

苏比克湾的能见度用我们的话来说，常常"像屎一样"，只看得到前面人的脚蹼；纽约号的许多通道狭窄复杂，要把自己扭成各种奇怪的形状才能通过。可是当我告诉潜伴L很多人更喜欢另一著名沉船潜点科隆，因为那里能见度高，通道宽阔时，他的回应是——那多没意思啊。

我们管L叫"纽约号之王"。他的潜水生涯有一大半在纽约号里度过，他说那里才是他的家。我有时会很迷惑地问他：你的潜水次数也不过是我的两倍而已，为什么我们差距这么大？他说：你多去苏比克就知道了。

他第一次说这句话的时候，我只有100瓶经验，虽然接受过基础的技术潜水训练，但从未进入过封闭空间。我迅速订了一张机票飞去苏比克，跟着潜导穿过登陆舰LST和纽约号最开阔的大走廊，一路磕磕碰碰，踢起漫天尘沙。上来后大感挫败，潜店主乔治老爷爷安慰我说：多练就好了。

两年后，我带着封闭空间所需的全部装备，带着在墨西哥的逼仄洞穴和伸手不见五指的千岛湖水域里练出的技术，跟着"纽约号之王"回来了。

我想进纽约号的引擎室。

引擎室在船的最深处，要进入一艘完整沉船的引擎室需要穿过重重通道，历经各种转折，是最困难的时间也是最长的穿越过程。然而里面的各种控制装置与仪表也是船上最有趣的东西，可以让人在里面流连良久。

我不知道纽约号的引擎室到底是什么样子。网上有一些图片，朋友们也拍过一些视频，可我总是拼凑不出它完整的模样，更捉摸不到进去之后究竟是怎样的一种感受。L说：你去了就知道了。

说这话的时候，他平素淡定的脸上神采飞扬。

能不能进纽约号的引擎室的标准其实也很简单。不管你有什么牌照，什么资历，金牌潜导但丁说你能进你就能进。

黑黑的小个子但丁原本是潜店主人乔治老爷爷的司机，被培养成潜导之后却展现出惊人的天赋，不少技术潜水组织的大人物和他下过水后都赞不绝口——高手在民间。跟在他后面进船，看他稳定而轻盈地穿行在狭窄的通道之间，不沾半点尘土，是一种极大的享受。

但丁说，要先看看我在水下的样子。

1893年开始服役的装甲巡洋舰纽约号（USS New York, ACR-2）的建造费用在百余年前已是350万美元。她全长116米，排水量8 000余吨，装甲厚度10～18厘米，配备6门主战加农炮及其他武器，是当时最先进的战舰之一。

1898年7月3日，在著名的古巴圣地亚哥湾战役中，纽约号作为美军旗舰达到了她军旅生涯的顶峰——率队全歼西班牙海军加勒比舰队，结束了西班牙在中南美的统治，大量殖民地落入美国手中，从此改写美洲格局。

风光过后的纽约号辗转全球，曾数次退役又重新入役，并两度更名为"萨拉托加号"和"罗切斯特号"。1932年，已显老态的她以"罗切斯特号"之名二赴亚洲加入太平洋舰队，从上海入港，巡回于长江之上。1933年，她终于最后一次退役，停靠在菲律宾苏比克湾。然而即便已经退役的她也还是太过珍贵，1941年的圣诞，美军面对节节近逼的日本人，决定将她炸沉，以防她被敌人俘获。

1967年，美军港口清理部队（HCU）为清理水道，决定炸毁水底的纽约号。HCU-1的报告称纽约号船体被炸断，事实上由于装甲过于坚固，船身并未断裂，只是右舷中部损毁。好在HCU的任务也算是完成了——纽约号原本翘起的船头沉得更深，不再成为大船进港的阻碍。被炸破的部分成为后来潜水员进入纽约号的主要入口之一。

经历了数十年的缓慢下沉和1991年皮纳图博火山爆发的影响，现在的纽约号右舷朝上，侧卧于苏比克港28米左右深度的海底，左半侧几乎已完全没入海底的泥沙之中。在船体内穿行的时候，看到潜水电脑显示出30米——对很多潜水员来说都是一个寻常的深度，但在这里却有着一种奇幻的意义：这一刻，我在海床以下呢。

几十年来，已经有许多潜水员探索过纽约号的内部。最详细的一次探查活动是马克·韦伯-约翰逊（Mark Webb-Johnson）等人对照同期战舰"奥林匹亚号"（USS Olympia，现存费城，作为博物馆供人参观）的结构，对纽约号进行了测量和记录，并且拍成了一部简短的纪录片。

然而再好的影像，也无法比拟真正潜入百年战舰深处的感觉。

抵达苏比克的当天早晨有美军潜艇出入——虽然美军已经撤离，但战舰潜艇还是经常到这里停靠补给。航道下方的纽约号暂时关闭，但丁带我去了旁边的登陆舰LST。这艘船深度较大，有三十多米，但船身破碎，结构简单，四处都是出口，适合初级潜水员训练。我已非昔日吴下阿蒙，在LST几乎可以一尘不染，而但丁说："纽约号可不一样。"

午饭后听到纽约号开放的消息。我兴冲冲地开始测气——无论是早晨充好没用的50%氧含量减压瓶，还是中午刚充好的32%双瓶高氧背气，在下水前都要全部测量一遍，在瓶子上贴好写着气体内容、签名和日期的标签。对于大部分只使用压缩空气的休闲潜水员来说这个步骤或许并非必要，但是对于要根据深度和减压需求切换不同气体内容、拿错瓶子就可能当场中毒的技术潜水员来说，这一步可算性命攸关，半点不能懈怠。

测完气，但丁宣布：这一潜去小走廊。我悻悻地看看L，他笑眯眯地说："你要是觉得不够挑战，那上，你只需要朝后一倒，翻身入水便是 —— 当然，别忘了给浮力气囊充满气，捂好面镜和嘴里的呼吸调节器。

在水面上短暂停留，按照标准程序做完水面检查，但丁领头沿着锚绳下潜到船尾附近，把减压瓶挂在船外，L领头但丁殿后，把经验最少的我夹在中间，从船尾进入传说中的大走廊。

这应当是甲板之下的第一层，军官们居住的地方。木质结构已完全剥落不见，只剩下钢铁框架，我们穿过一道又一道横卧的舱门，已经开始有空间错乱的感觉。大走廊空间相对开阔，出口也比较多，还能看得见绿水中隐隐的天光，L朝右一拐进入小走廊之后便已是漆黑一片，只有我们的3道灯光，从充满悬浮物，能见度不超过3米的水中隐约透过。我不断提醒自己，纽约号是侧卧在水中，所有的东西都必须顺时针旋转90度才是原来的模样，却还是时常分不清自己究竟是在往上？下？左？右？前？还是后？

L在前面牵着线，轻松稳定地前进；我跟在后面一边忙着辨清方向，一边看紧白色的导线，以备突然失去能见度时能摸到它沿线退出，一边努力让自己在这么小的空间里不要碰到任何东西，一边对身后的但丁深觉抱歉 —— 他面前肯定是我磕磕碰碰卷起的一地尘灰。但丁后来对我说：其实在船里，你的脚蹼不要那么用力，只需要平时1/10的力气就够了。

L转过身，示意20分钟已到，根据下水前的计算和约定，我们该回头了。这次轮到他一边收线，一边面对我扬起的满地尘灰了。我一边在前面帮他解掉一些简单的结，一边跟着但丁刷刷地朝前游，忽然觉得看不到L的灯光，一回头不见人影，顿觉魂飞魄散。L经验丰富，对纽约号熟悉得就像自己的家，按说我不该担心他；可是多年的训练和阅读的各种事故报告让我总觉得危险可能在任何时候发生在任何人的身上，潜伴只要不在眼皮底下就足够成为焦虑的理由。

我用灯光示意前面的但丁慢下来，回头去找L。

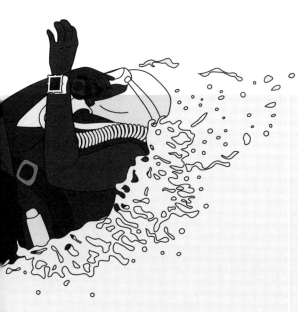

么你来布线？"我立马蔫了，表示我真的不认识路啊还是你布线吧。

前面提到过，进入封闭空间必须布设一条能够通往开放水域的连续引导绳。听起来是件很容易的事情，其实如何选择打结的位置不致磨损或松脱，如何保持合适的张力不会缠绕到自己或别人，线在狭窄空间里放在什么位置既能看到又不会妨碍行动 …… 都需要大量的经验和练习。此外，就是在布线打结的时候能够保持身体的稳定，不会上下浮动，不会失去平衡，不会踢起满地尘灰 …… 也都需要大量基本技术的训练。在一个完全陌生的环境里，我可不相信自己能毫不费力地布线。

在菲律宾潜水，体力上是件相当轻松的事情。小工会帮你把气瓶装备都背到船上，到潜点再帮你坐在船舷边穿起来，甚至连减压瓶的钩子都会帮你挂

最后的疆界

技术潜水员中，很多人都爱看科幻，且偏爱黄金时代的太空歌剧题材。洞穴潜水最大的吸引力是可以去别人没去过的地方。很多人喜欢把洞穴潜水比作人类"最后的疆界"。这种体验相比于赛博空间的疆界，更有实体的感觉，看得见摸得着。我可以回来和大家说，我在这个洞里往前走了200米，你没去过吧？

密闭系统

密闭循环呼吸器（CCR）
rEvo III micro FT

CCR控制系统
Shearwater DiveCAN

CCR潜水电脑
Shearwater NERD

¥ 61 132（以上三件）

气瓶*2
BTS 3L钢瓶
¥ 3 000

气瓶阀*2
Nautec M25 2.0
¥ 556

潜水吧！赛博格：denovo和她的利器

开放系统

潜水电脑
Shearwater Petrel, Petrel 2
¥ 4 800

呼吸调节器
Scubapro MK25 + S600
¥ 4 146

呼吸调节器*2
Scubapro MK17 + A700
¥ 8 336

呼吸调节器（双瓶套装）
Scubapro MK25 x2 + S600 + R395
¥ 6 209

双瓶背飞
Halcyon Evolve
¥ 5 000

气压表
Halcyon
¥ 527

气压表
HOG
¥ 434

🕐 5'

整理
傅丰元

密闭系统

20世纪90年代初或更早，密闭系统已经开始试用，但它的电子元件仍不够稳定。最近10年，厂家越来越多，电子元件的可靠性也变高。尽管密闭系统的"死亡率"仍是开放系统的10倍，但我们倾向认为这是因为它的操作太复杂，很多人不遵循下水前的检查。而我就属于谨慎过头的人，所以目前在尝试更轻的密闭系统。我的装备重量从50~60公斤减到了30公斤左右。

下水前的工具：书、音乐和牙膏

● 去潜水的路上我会看小说，最近在看冯内古特的 *Galapagos* 和菲利普·K.迪克的 *Ubik*。

● 下水前，我会循环听The Cure的专辑。他们的音乐有一种奇妙的感觉，能够让你彻底脱离现实，进入一个异世界中。特别是 *Out of This World*：我们是如此留恋这个世界之外的时空，却又知道总归要返回真实的世界。

● 虽然有专业的除雾剂，但是牙膏方便又好用。每次下水前可以用牙膏涂抹面镜后再冲洗掉，基本上可以保证一整天不起雾。

工具三原则

1 可靠：潜水电脑是在水底下做计算的。电脑芯片都已经这么发达了，但潜水电脑到现在仍然都是单片机。单片机最大的好处是，即使死机了也可以随时快速启动。可靠性是选择潜水工具的首要原则。

2 简单：在水底下就没有再来一次的机会，所以要尽量简化装备和操作，减少自己犯错误的机会。有些人喜欢带两个气囊，因为这样拥有更多的"冗余度"。但两个气囊的操作会比一个复杂，我宁可选择一个气囊，外加一个可以充气的干衣作备用。

3 备份：比如需要带两个气瓶和两套呼吸调节器，比如需要带一盏主灯和两只备用灯。从某种意义上来说，潜伴本身也是一种备份。

干式潜水衣
Santi E.Motion 订制版
¥ 11 819

干式潜水衣
Santi Ladies First 订制版
¥ 11 819

保暖底衣（5～15度）
Santi BZ 400 订制版
¥ 2 780

保暖底衣（15～25度）
Fourth Element Arctic
¥ 3 000

保暖袜（5～25度）
Santi BZ 200
¥ 417

头套（低温）
Santi 9mm
¥ 887

头套（低温）
Santi 5mm
¥ 496

头套（中温）
Fourth Element Thermocline
¥ 300

干手套转接环*2
SiTech Antares
¥ 2 346

干手套*2
Atlas
¥ 36

湿手套*5
深波，定制，5mm
¥ 750

箭头标、饼干标*20
DiveGearExpress
¥ 360

脚蹼
Scubapro Jet Fin
¥ 800

脚蹼
HOG Tech 2
¥ 500

面镜*3
Gull Coco
¥ 1 500

水下记事本
Halcyon
¥ 180

其它

主灯
Halcyon EOS 12 W LED
¥ 11 819

备用手电
Halcyon Scout
¥ 1 182

备用手电
奥瞳 D 10
¥ 500

割线器*2
Eezycut
¥ 372

主线轮
Halcyon Pathfinder
¥ 1 173

小线轮
Halcyon defender
¥ 329

小线轮
Light Monkey
¥ 300

指北针
DiveGearExpress
¥ 242

象拔
Halcyon
¥ 614

象拔
HOG
¥ 304

（所有潜水工具共计148 965元）

没几步便碰上了收线前来的L，他看着我无奈地摇摇头。上船后L的第一句话是：你游得实在太快啦，我死在里面你都不知道。我灰溜溜地表示是我错了，以后一定注意。

出船后但丁和L先去取了减压瓶，我把剩下那个瓶子拿起来，一边往身上挂一边抬起头，发现右边的L把瓶子拎在手里就是不挂上去，左边的但丁在那笑得面镜都快漏水了。我莫名其妙地继续挂瓶子，但丁实在忍不住指指瓶上的标签，我低头一看，原来是L的……

上来之后对L诉苦："你干吗偷我的减压瓶！"他慢悠悠地说："没有人能偷走你的减压瓶，是你自己没有检查嘛。难道你在拿起一个瓶子之前，不该确认它是自己的，里面是正确的气体吗？"于是我又只好灰溜溜地表示是我错了，以后一定注意。

好吧，想去引擎室原来真的没有那么简单。

3

纽约号究竟有多少台引擎？这件事折磨了我好几个晚上。资料齐全的NavSource网站上写着2台，但探索过纽约号的韦伯-约翰逊言之凿凿地表示自己进过4间引擎室，4台引擎都尚在原地。乔治店门口的介绍上写着4台，但问下来却也没人确认去过4间不同的引擎室，尤其是左舷已经埋进沙里那2间。和纽约号同期建造，现在停在费城的奥林匹亚号网站介绍上又赫然写着2台引擎。

感谢伟大的Google Books，最后我终于在一本叫做《1883 — 1904年的美国巡洋舰：钢铁海军的诞生》的书里找到了答案。纽约号有4台竖直三胀式蒸汽轮机驱动两副螺旋桨，一共提供17 000马力，最高时速可达21节。在巡航时其中2台引擎可关闭以节省燃料，但若想重新启动则必须先停船，再同步启动4台引擎。

三胀式蒸汽轮机的蒸汽依次从3个气缸中通过，推动活塞，以提高热能利用效率。纽约号的气缸大约有7米长，6米宽，活塞和传动系统也异常庞大，难怪韦伯-约翰逊说若非事先见过奥林匹亚号的照片，在水下完全不可能辨认出来。

从大走廊到小走廊，再到被误称为小引擎室的某间仪表房，但丁终于同意了带我去大引擎室。

一路各种角度的拐弯升降，有直上直下的竖井，中间还冒出粗大的管道，要侧身才能经过；有斜向下开的狭小舱门，顶上擦着气瓶，下面贴着肚子，头低脚高地钻出……作为一个平常认路完全靠地图的人，我已经完全分不清自己究竟到了哪里。

大约20分钟以后，但丁示意我们已经到达引擎室。虽然没有想象中的大，和前面的各种通道比起来已经算豁然开朗，可以浮在水中央，从容四顾。周围都是奇形怪状的钢板，通往各个方向的管道，或完好或破损的阀门开关，以及上面斑斑的锈迹和满覆的尘灰。

可是引擎在哪里？

我想，我还需要很多很多时间，来慢慢寻找。

但丁很忙，尤其是假期和周末的时候。世界各地来的客人都要他带，经常一天要下五六次水，已经快顾不上减压限制。要多去纽约号，我就得学会自己找路，自己进引擎室。

虽然从理论上说，洞穴潜水的证书已经可以进入沉船，不需要重新上课学习，我还是觉得这里其实是另一个世界。不仅仅是因为空间远远比洞穴狭小，

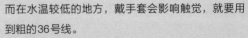

也不是因为能见度太低，积尘太厚；但丁对我最大的嫌弃在于踢脚蹼太用力，这个我也可以慢慢改。最重要的问题是，在这里，我完全不知道该如何布设引导线。

为了防止迷失方向，所有封闭空间潜水都应该布设引导线；然而引导线引致缠绕，也是封闭空间潜水的首要危险之一。布线不是简单地拖一根线进去完事，就连这条线本身也有很多很多的讲究：扭合的线耐拉伸，编织的线耐磨，所以好的线都是内芯扭合，外覆编织层。有的地方可以用细的24号甚至18号线，

而在水温较低的地方，戴手套会影响触觉，就要用到粗的36号线。

而布线打结的技术细节就更多，但归根结底不过是L总结的那一句话：布线的目的，是为了能够沿着它出来。所以你打每一个结的时候，闭上眼睛想一想，在完全失去能见度的时候，你摸着这条线，能不能够安全地回到开放水域。

比如说，第一个结一定要处于开放水域，随后需要在很近的地方打第二个结，以防松脱。这样在完全失去能见度，摸着引导线出来的时候，到了第一个结，你就知道已经回到可以直接上升的安全水域。

比如说，线应该布设在中部偏下的地方，因为太高会不小心缠绕到自己。

比如说，打结的距离不能太远，以保持线的张力，而打结的方式要使得线上的张力不会传递到被绑的对象，以免折断；打结的位置要保证线不会卡在某个缺口里面，无法摸着线行进，也要保证上方不能有太大的障碍物，否则没有能见度摸着线回来的时候就会撞得头破血流……

绝大部分的原则在洞穴潜水课里都曾经学过，然而在沉船里，你面对的是完全不一样的环境。在洞里，两个绳结之间的距离可以长很多；在洞里，你要找的只是一块凸起的石头；在洞里，你有的是空间放引导线。而这里举目四望都是舱壁或巨大的柱子，到处是可能卡住甚至磨损引导线的缺口和断面，三两步就要转弯甚至上下，逼仄的通道里面线放在哪里感觉都会绊到自己。

L说，其实船里可以布线的地方很多很多，只不过刚开始总归是看不见的。

我还是决定去上一堂进阶沉船课程。有了洞穴和减压潜水的基础，技术说不上太好，总归凑合够用；理论课完全变成了和乔治老爷爷欢快八卦的专场；各种故障模拟曾经反复练习，就连洞潜课程里最具挑战性的无能见度引导线寻回，在空间狭小的沉船里也变得异常简单，一蹴而就。

于是，在我的记忆中，整个进阶沉船课程就是一直不停地布线，整整4天。

第一次，挂好减压瓶，取下大线轮，在入口外面一根凸起的管子上打好第一个结，看着入口便已经举棋不定：第二个结打在哪里好呢？这周边看不到任何其他可以打结的地方，除非导线拐一个弯，然后压在入口门槛上面。

但丁的手指从后面伸过来，轻轻点了点下面的一个我完全没有注意到的小小凸起。

第一次进大走廊，我把所有的结都绑在了下方的钢梁上面；因为钢梁太粗，霍比特的人的胳膊太短，每次都要很辛苦地把线轮从钢梁上绕过，回程拆起来也颇觉艰辛。当但丁叫我拐弯，再也看不到横梁的时候，我又傻眼了：这里哪有绑线的地方？

但丁的手指又从后面伸过来，轻轻掸掸舱壁上的灰尘，露出一只小小的螺钉。

因为气量的限制，每次进船只能20～25分钟就要回头。一开始磕磕绊绊，20分钟还走不到一半路程，不免泄气：何时才能自己绑线到达引擎室？L曾经说过其实船身中部破损的地方有一条进引擎室的近路，但丁却摇头："不，继续练习这条路，你可以的。"

原来真的可以。在课程的最后，我能够把线绑到引擎室，再从引擎室钻到另一头出口，看见那一头的天光。

从那一头潜上来，我问L，我们下次能不能换一条路试试？

他说："你布线，就是你领路。你想去哪里，就往哪里走啊。"

是啊，我怎么忘记了，黑暗的疆界，又岂止于我们曾经走过的路。

4

我在网上四处寻找纽约号的模型。这并不是一艘非常出名的船，好在总有狂热爱好者，立志要做出整个太平洋舰队的模型，也就包括纽约号。然而如几乎所有的模型一样，甲板下的船身只是一整块树脂，那些迷宫般的舱室与通道，那些久远的钢铁、锈迹与尘土，都淹没于一块并无面目的塑料之中。

我问L："你这么爱纽约号，有没有想过把里面所有的房间位置距离量出来，最后可以画出整个船身内部的结构？"他的眼睛亮了，过了一会又说："那得花多少时间啊。"我说："可是你还有一辈子呢。"

"是啊，有什么好着急的呢。"L说。

http://liqi.io

登陆"工具"栏目上线上网站"利器"，发现更多创造者和他们的工具。

微信公众号：liqiio

利器采访优秀的创造者，邀请他们来分享工作时所使用的工具，以及使用工具的方式和原则。

🕐 50'

南极酒店

A Hotel in Antarctica

作者
杰弗里·兰迪斯
（Geoffrey A. Landis）

译者
萧傲然

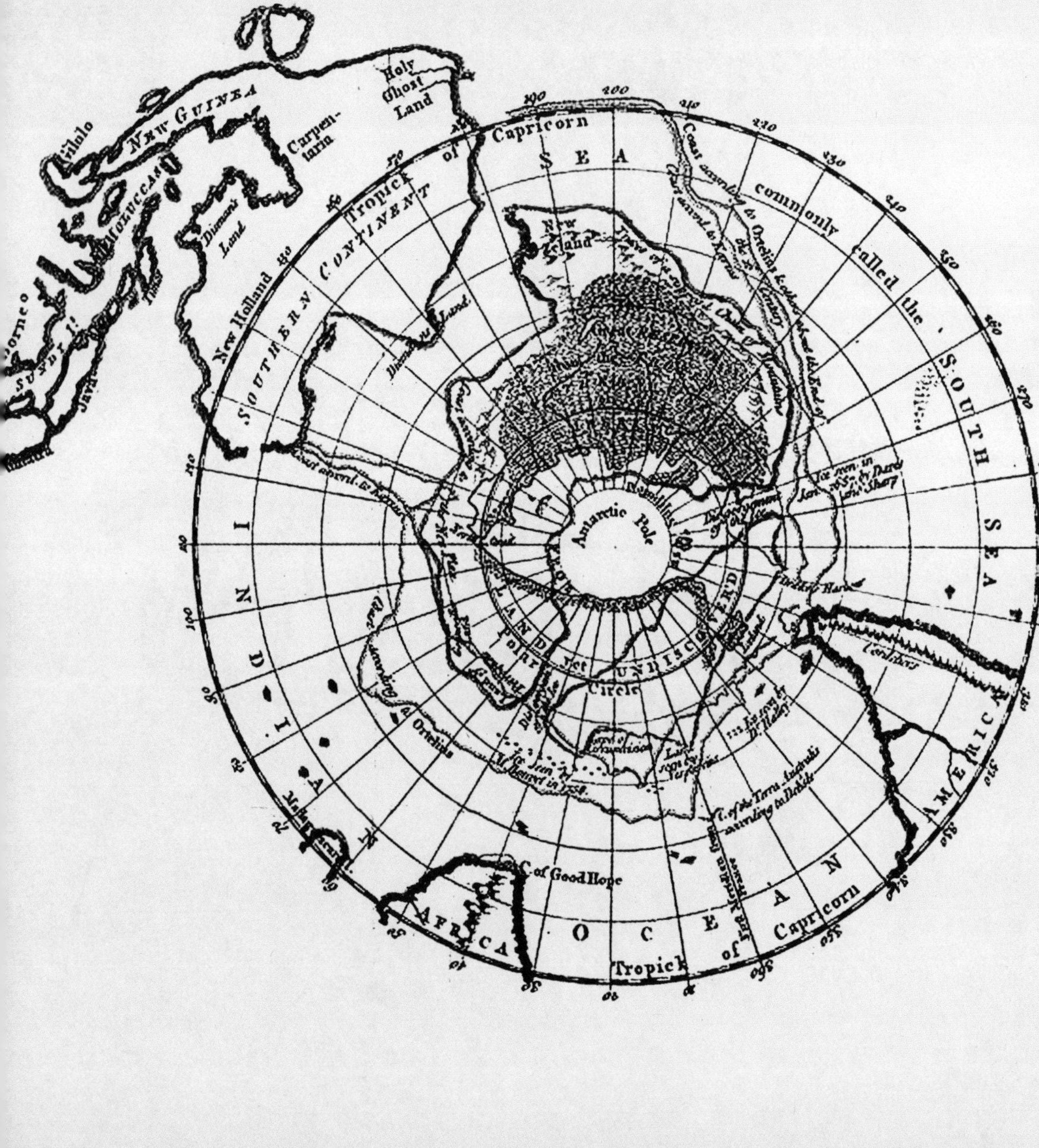

　　一切也许是从伊萨克·塞尔尼的激光公司倒闭那天开始的。那天，他最好的朋友萨拉丁，载着他本以为会成为自己女友的女孩，骑着摩托车向朝阳驶去。而他却站在街边，等着律师与警察过来拿走他为之奋斗的一切。他望着朝阳，不知何去何从。

　　那晚萨克[1]住在酒店，他所有的信用卡都已刷爆，但银行还未因欺诈行为停卡，酒店账单无非是为他惊人的破产数额添上几个无关痛痒的数字而已。再过几天他就30岁了。

　　以前他没怎么打过酒店的主意。但是随着公司崩溃，他脑子里也乱成了一锅粥，酒店生意成了他唯一能认真思考的事情。他急需转移注意力，不然会疯掉。于是他开始研究米斯特里美琪长岛酒店，一处细节也不放过。如果该酒店建在月球上如何？或是火星上？或是轨道上？他认为没错，这样可行，应该可行。

　　"我是个企业家，"他说，"我能做到。"那是某天下午，他独自一人待在一家酒店房间里自言自语，这房间比他原本买得起的任何东西都要高三个档次。他从大床旁走过，一把拉开玻璃推门，步入小阳台，面朝大海高喊道："我能做到！"

　　又或者可以追溯到更早以前，早到他在MIT读完大二的那年夏天。种子从那刻播下，这些年来萨克从未忘记。

　　那是在寝室外休息室里的一次通宵聚会。当时他们还未达到合法饮酒年龄，但多亏几位无视美国酒类管制的法国研究生，小部分人得以分享了一箱纳拉干赛特牌冰镇啤酒。萨克在向他们阐述殖民火星之道，从空气处理、再生系统一直到污水系统，讲到了他研究过的大量细节。而萨拉丁总是一副愤世嫉俗的姿态，一有机会便会指出说"你不知道那行不行"或"那还没有得到过验证"或"如果坏了而你又没有零配件该怎么办呢"，最

---

1. 萨克，伊萨克的简称。

终，萨拉丁提出了自己的观点。"听着，萨克，说真的，火星远比你想象中要恶劣得多。比南极更冷，比珠峰更缺氧，比莫哈韦沙漠更干燥，也比马里亚纳海沟更难到达。你说人类终将住在火星，这是定数。那好，要是我们这么缺乏空间的话，为何不把公寓建到南极？为何不把城市建到太平洋底？为何戈壁沙漠里没人居住？比起住到火星，更容易住人的地方有的是，可却没有人去住。"

"戈壁沙漠里住着人呢。"

"也许每百平方英里住着一个人吧。你知道戈壁沙漠有多大吗？一点人烟都没有。"

"南极洲也有人住。"

"是啊，没错，可那是科考站。我指的是真正在那里生活的人，而不是一些带着崇高任务去露营的科学家。你觉得人类急需拓展空间是吗？整个南极大陆就摆在那儿。你认为可以在火星上建立殖民地对吧？那就去珠峰或是南极建家酒店证明一下。在南极建酒店可要容易上千倍，但仍然困难得要命。在南极建家酒店，才能证明你的想法是合理的。这叫做存在性证明。"

"别犯傻了，谁愿意入住一家位于南极的酒店？"

萨克环顾屋内，意图找到支持自己的人，但令他意想不到的是，好几个大二学生都在点头。有个萨克早已忘记叫什么名字的小孩说道："我，我愿意。"另一个小孩说："当然愿意了。在那儿滑雪该多棒啊，可以做成一个滑雪旅舍。""还有企鹅。"又一个小孩说。与此同时第四个小孩也开口了："可以组织旅游团去看极光。"

"看吧，"萨拉丁说，"人有了。极限旅游主题，这就是卖点。现在市场有了，去建酒店吧。"

"一帮醉醺醺的大二学生？"萨克说，"也称得上市场？"

"只要建了人自然会来。"

12年后，伊萨克·塞尔尼从一间他住不起的酒店房间的假红木桌上抽出一张酒店便笺，在印有"米斯特里酒店"的抬头下，他写道："建在南极洲的酒店。一、因为这很酷；二、因为从未有人做过；三、因为这将把人类拓展到一个崭新的前沿；四、这是通往火星的一步；五、很赚钱；六、因为这真的很酷，还有企鹅。"他接着写道："人们会喜欢上它的。"他将这句话画了两圈，然后在空白处写道："！！务必强调这点！！"

书桌抽屉里放着一本私人出版的格加德哈·米斯特里自传，他是这家连锁酒店的创始人。酒店每间房里都放着这本书——给成千上万无聊商人读完《华尔街日报》后的宣传读物。封面上用粗体写着这名创始人的座右铭："他人之失，我事之师。"

萨克细细翻看了一下，找了找有关细节，然后转过身打开笔记本。他已经点开了8个窗口，分别搜索南极洲的地理与生态信息。他再次点开一个浏览器窗口，输入"格加德哈·米斯特里"。先上Google搜，再搜LinkedIn。他认识不少人，在他的朋友关系网，以及朋友的朋友中，总有人能为他和格加德哈·米斯特里牵上线。

格加德哈·米斯特里一头吹干的银发使他看上去一副宝莱坞惊悚片里大叔的形象。但除此以外，他的身体却相当年轻，结实的肌肉表明他常常在私人教练带领下健身。他只穿着T恤和牛仔裤，显然当你成为亿万富翁，拥有坐落在二十多个国家的高档连锁酒店之后，就不会在意别人对你衣着的看法了。

"朋友跟我说需要和你谈谈，"米斯特里说，"那么告诉我，为什么我需要和你谈呢？"

"我想和您谈一个想法……"

"是的，是的，"米斯特里挥了挥手，"你想建一座太空殖民地。我读了你的资料，太疯狂了。"

萨克打断道："并不疯狂。太空殖民地只是一个例子，关于在恶劣环境中建造自给自足生态圈的例子。而南极……"

米斯特里抬起一只手。"我对疯狂的想法没有成见。你的想法是很疯狂，但我并不觉得是缺点。塞尔尼先生……"他顿了顿，"称呼塞尔尼先生有点太客气了，而我也是个不客气的人。可以叫你伊萨克吗？"

"叫萨克就行。"

"萨克，很好。叫我杰瑞吧。听着，萨克，你的想法很疯狂。南极！太空酒店！真是疯了。但是我喜欢你这些疯狂的想法，现在请你说服我。也许到头来你的想法并不是彻底的疯言疯语。"

"当然不是。"

"这么和你说吧，"米斯特里说，"通过建豪华酒店和提供极限旅游服务，我也算赚了点钱。我建的第一家酒店在清迈，专门针对热衷丛林探险的游客，你已有所耳闻了？哦，你读过我的书，很好，看来你做了功课。游客很喜欢大象。"他挥手指了指办公室的墙。墙上挂满了各所酒店的照片，半数都以野生动物为特点，其中两张是游客骑着大象的照片。

"清迈的酒店正是建立在大象身上——当然不是真的建在大象上。大家都喜欢大象这种奇妙的生物，而企鹅——没错，我很期待能有人愿意掏腰包去和企鹅嬉戏。当然还有滑雪，特别是当日本或是美国处于夏季时会很热门。至于太空殖民地我没什么兴趣。而南极嘛，很疯狂，不过疯得不错，疯得我喜欢。"

米斯特里仰靠到椅背上，双手交叉，指尖相抵。"但问题是，为什么我还需要和你谈呢？你已将把想法都告诉我了。"

萨克要张口反驳，然而米斯特里再次举起手示意他不要说话。"没错，你都告诉我了。想法不受版权保护。只要你把资料发送了——多谢，那么你便丧失了所有权。我看过你的简历，你有MIT的物理学学位，着实令人钦佩，你也为几家小型科技企业工作过。随后你离职创办了自己的公司，不过看来创业失败破产了，而且情况非常糟糕。但我喜欢你的想法，南极酒店，我就喜欢这股胆大包天的劲儿。你的想法让我十分着迷。"

他倾身向前，将手肘搁在桌上。"但看得出来你对酒店建设一无所知。我为什么需要你呢？"

萨克与他四目对视，米斯特里凝视着他，等他开口。"您并不了解我，"萨克说，"在这方面您并不了解我。"他开始一字一板地说，仿佛每个字都自成一句。"我、定、能、付、诸、实、施。"

米斯特里一下仰靠在椅背上大笑道："好极了！非常棒。我很佩服你的决心。我最初创办的两家公司也都倒闭了，知道这事吗？只要你能掌握必需的知识，我就不会拿你之前的失败来针对你。这是我挑人所看重的，你已经说服了我，你被雇用了。"

"但我是想做一名顾问，"萨克说，"我可以——"

"抱歉，"米斯特里打断他，"如果你想与我合作，就要为我做事。我向你保证，只要我认可你的工作，你是不会对我开出的薪资有异议的。不过我有个习惯，萨克，或许是个缺陷，又或许不是，那就是我必须大权在握，这点不容商榷。"

米斯特里看着他，此刻两人相视无语。最终，萨克打破了沉默："我接受。"

米斯特里笑道："很好，非常好。现在，有些人你需要认识一下……"

原来所谓"米斯特里想让他认识的那些人"只是一名六十来岁的女人：珍妮·宾得女士。她戴着一副大圆框眼镜，在萨克看来，她似乎永远都是一脸愁容。"我与宾得女士推心置腹，"米斯特里告诉萨克，"无论她跟你说什么，请相信那也一定是我想说的。"

萨克与米斯特里回到了办公室，一间坐落于迈阿密海滩艺术酒店内的顶层套房。米斯特里一边说着话，一边有条不紊地整理着一大摞文件，签字的同时并没有抬头看萨克，至少在萨克自己看来是这样。

"她的工作是什么？"萨克问，"我在哪些方面需要她呢？"

"所有方面。"米斯特里说。

"她是建筑师？结构工程师？酒店经理？还是？"

"只要你需要，她都是。"

"她不可能行行都是专家吧。"

"当然可能。她专门雇用专家。"

"那她自己做什么？"

"萨克伙计，正如我跟你说过，你的想法也许很疯狂。但是有一点绝对不能疯来，而宾得女士的任务就是保障不能疯来的这点，那就是钱。宾得女士是你的财务主管。"

"好吧，"萨克说，"财务主管。那么这事就归她管喽？"

米斯特里拍了拍他的肩膀。"你们会成为很好的朋友的。"

✳

米斯特里在离开前将这家酒店的某个楼层全部清空，并将一间大型会议室改装成了指挥室，供宾得女士用以招募麾下干将。同时也给了她一间办公室，内有能俯瞰海滩的大玻璃窗。而分给萨克的办公室则朝西，面向内陆水道，楼层里大部分地方空无一人。萨克坐在一张巨大而空荡的桌子前，思考自己应该做些什么。宾得女士走进他的办公室时，他正在纸上涂画着一个网格状圆顶。

宾得女士手捧一叠光鲜亮丽的册子，小心地放到桌上，随后开口道："米斯特里先生让我确保你没把时间花在探索外太空上面。他告诉我说你要设计一座建在南极洲的酒店。据说那是块不毛之地，我不确定那里会比外太空好到哪儿去。你预计建造多少间客房？酒店容纳率是多少？每间房的预计收益估算是多少？"

"会住满的，"萨克胸有成竹地说，"我手头还没什么数据，但我知道肯定能成功。"

宾得女士的目光越过镜框投在他身上。"你的商业计划里连客房数量都没有吗？"

"我没什么商业计划。可变因素太多……"

她摘下眼镜，用衬衫的衣角擦拭着。"没有商业计划。"

"不好意思，我对商业计划向来兴趣不大。我喜欢眼见为实……"

"没有商业计划。呃，米斯特里先生告诉我说你之前创业失败，看来原因不言而喻。"

萨克低下头。"我……"

"商业计划可是真东西，塞尔尼先生。跟石头或火箭一样真实。"

"那又怎样？"

"怎样？我告诉你会怎样，做个商业计划出来。"

"我不擅长这类事情。"

"相信我，塞尔尼先生，"她低头看了看已擦拭干净的眼镜，将其收进胸袋中，"计划一定会很出色的。"

她放在桌上的册子是些传单，上面登有内容广泛的各类极限旅游活动的广告：在洪都拉斯的雨林树冠群中滑索，在新加坡的摩天大楼上定点跳伞。这是她所认为的市场。

虽然有些不情愿，但萨克还是很佩服她做事面面俱到。她的关系网几乎遍及全球，专攻度假服务的旅游中介们也被她推到世界各地的穷山恶水。她还找到了一张提供南极旅游的游轮清单，并整合成一张表格，对这些船只每年的航行次数、时间进行分析，对船舱售出率、行程长度、每位乘客需支付的价格及利润进行预估。

"你或许找到了可行的盈利市场，这点我确实相信，"她说，"但具体我不清楚。提供南极洲游览与旅行服务的公司超过80家，不过南极的旅游旺季不长：11月到来年4月，一共四五个月。"

"日光的原因，"萨克说，"4月之后白天会很短暂。"

宾得女士点头道："没错。而且因为这项服务是基于坐船的，所以他们还得等到冰雪融化之后。我们得提供航空服务。"

"我刚才就在琢磨这事。"

"我们得修建飞机跑道，还有码头设施，游轮必不可少。"

"当然。"萨克说。

"当前南极旅游市场容量是每年约5 000人。头一年，我们的目标是占据20%的市场。以双人间算，每间住5晚，间夜量总共是25 000。每晚房价1 000美元，年净收入便是2 500万。"

"每年2 500万美元？"

"还要加上旅游活动售出的利润，"她说，"等市场占有率达到50%，以持续5个月的旅游旺季计算，我们只需要300多个房间。这就是你的基线计划，塞尔尼先生。"

萨克只觉得头晕目眩。"你确定吗？"

宾得女士看着他。"当然不确定。除非我有个能占卜的水晶球，否则，我只能和我掌握的数字打交道。"

"2 500万美元，"萨克重复道，"看来得给我涨点薪水。"

宾得女士越过眼镜上方看着他，萨克开始领会她每次这样做的原因了，显然他又说了令人难以置信的蠢话。

"这只是毛收入，塞尔尼先生，而非利润。还不够支付你多少薪水的，更别提我了。在南极为酒店招人可没什么当地最低工资标准，运营成本将非常高。这只是给我们买一张进入市场的入场券。当酒店成立后开始长期经营，就需要扩大市场，延长旅游旺季。等到我们——如果可以的话——扩张10倍之后，才会有利润。我们要将全欧洲的滑雪者拉到南极来过冬，只有那样，我们才能挣到钱。"

"10万名游客吗？"萨克说。

"还有，别忘了员工的起居，"宾得女士看着他，"你说要建座城市，这就是你的城市，就看你做不做得到了。"

"我能做到。"

"这点嘛，"宾得女士说，"亟待观察。首先还有很多事要做。"

"我们应该直接开建，"萨克说，"放手去做是学习如何去做最好的方法。"

宾得女士摘下眼镜。"直接开建？"

"对，从经验中学习，而不是没完没了地分析。"

她翻出一张午餐剩下的纸巾，开始擦拭眼镜。"没人可以'直接开建'一家酒店。"

"好吧，我了解，你得先玩命去分析。听着，直接开工吧，你害怕出错是吗？是的，我们可能会犯一些错，但我们可以弥补，边做边学。"

"那么，我们应该在哪个地点'直接开建'呢？"

萨克耸耸肩。"哪儿都行。只要是在南极，随便找块地都可以。"

"这块地归谁所属呢？我们又该从何人手中购买地权？"

"南极洲不属于任何人，占山即为王，就是占有权！难道你怕有人开着推土机把我们的房子拆了吗？只怕在南极连辆推土机都没有！"

"塞尔尼先生，你对国际法的无知程度实在令我咋舌。一句'这地儿归我了'在全球任何国际法庭上都无法构成合法诉求。米斯特里先生在给酒店建设投资十数亿美元前，必须要确保世界至少有一个国家认可我们在修建地的权利。目前，我认为这个国家极有可能是阿根廷，他们对南极洲的绝大部分宣布拥有主权，我们需要与其沟通。"

"我没考虑到这点。"

"早就料到了，"宾得女士说，"所以我才雇用了一个团队。如果那10亿美元是你的，塞尔尼先生，你尽可以随意去'直接开建'。在此期间，我得让这生意运作起来。"

第二起风波则与地权无关。次日，萨克来到酒店，只见灰泥墙上喷着鲜红色的涂鸦：救救企鹅；别让美国奸商糟蹋南极；留南极一方净土。

"米斯特里先生已得知此事，正在从马提尼克飞来的路上，"宾得女士告诉他，"他很不高兴。"

米斯特里的确很不高兴。不像往常有人跟随，他这次独自一人走入办公室，将一本薄薄的杂志狠狠摔在会议桌上，杂志滑到桌边的一叠画稿旁，那是萨克一直在设计的雪橇图，活像装了轮子的复活节彩蛋。"谁他妈给这帮小丑泄的密？"

萨克看了眼宾得女士，随后拾起杂志。杂志名为《彩虹地球！》，封面是几只毛茸茸企鹅仔的全彩图片，企鹅发现自己正盯着摄像头后表情显得惶恐不安。一张亮粉色的贴条夹在杂志中间，萨克翻到那一页，标题用特大字号写着"南极酒店？"，下方则是稍小些的字：倘若酒店业大亨格加德哈·米斯特里得逞，地球上最后一块净土将不复存在。文章署名为"安吉尔·厄斯[2]"。对开的另一页上也有一只企鹅，还有一张垃圾场的图片，其背景则是一座酒店。酒店十分显眼的标识上写着：米斯特里阿卡普尔科度假酒店。

"图像处理，"米斯特里咒骂道，"我绝不会将酒店建在垃圾场旁边，我要告那帮杂种恶意诽谤。"

"千万别那么做，"宾得女士语气平静，"这正是他们想要的结果。"她拿起杂志仔细翻看了一下。"不得不佩服，制作水平还是挺高的。"

"去他妈的制作水平，"他瞪着萨克，"是谁泄露了我们的计划？"

萨克最近在《宇航学报》上发表了一篇技术类论文，比较月球基地与南极酒店两者在必要条件上的异同，以及关于废水回收的详细分析。他突然意识到将自己的计划发表出去或许不是什么好事，他看着地板，局促不安地说："我想可能是……"

宾得女士打断了他，将杂志扔回桌面。"这些人手里没有详细资料。只是在信马由缰地乱猜罢了。他们是在试探，听到些谣言，于是先来个下马威，看看我们什么反应。"

"什么谣言？"

宾得女士耸肩道："什么谣言都有可能。我们向库斯托协会³咨询过在南极潜水的建议，毫无疑问，这些人肯定与《彩虹地球！》有联系，要么就是IAATO，就是国际南极旅游组织协会。又或许是几个其他什么人。"

"你是说你见过的所有人都知道我们在打南极的主意？"

宾得女士透过眼镜上方看着米斯特里。"我们可是在建酒店，米斯特里先生。若您以为我们是什么秘密特工，那么很抱歉让您误解了。"

"至少尽量慎重点吧。"

"慎重有些过头了，"她说，"现在，我们反而得通过恰当的渠道做些宣传。而这——"她轻敲了下杂志——"就是个好渠道。"

"什么鬼渠道，"米斯特里说，"他们说我要去南极开矿——见鬼，瞧瞧。这话里意思是说我要去强奸北极熊崽，从它们血淋淋的尸体上剥皮，去给那帮有钱的游客取暖。"他顿了顿。"再说南极到底有没有北极熊？"

"我想那只是句玩笑，"宾得女士说，"而且你也没说到点子上。这本杂志的读者就是我们要宣传的对象，这帮人算是帮我们忙了，而且比我们自己做要更好。"她再次拿起杂志，逐页翻动，冰雪覆盖的山峰与水下拍

---

2. 安吉尔·厄斯（Anjel Earth），读音类似于"地球天使"。

3. 库斯托协会，从事海洋保护的某知名协会。

摄的企鹅等彩页从封面下闪过，雅致夺目。"这实在是妙极了。谁会管评论怎么说，这可是对我们目标客户的重拳出击，他们是在为我们做宣传。"

"你真是疯了。"米斯特里说完，拿起杂志又翻看了一遍。"果真如此？"

"他们之所以抗议，"宾得女士说，"无非是认为我们的想法值得做。"

他们在酒店三楼的露台上办公，宾得女士坚持认为既然身处迈阿密，就该趁着大好天气去户外办公。她所谓的"大好天气"值得商榷，因为即使现在已是10月，却仍然酷热难耐。大多数游客都已离开，露台上也空无一人。文件用海螺壳压着，散布在数张桌子上，每张桌旁都立着一把红白相间的遮阳伞。

泳池吧台的特色饮品是玛格丽特——有二十来种。不过萨克喝的却是百事，而宾得女士则在喝一杯汤力水。她穿着一条蓝黄碎花的太阳裙，颜色鲜艳，往常戴的那副猫头鹰眼镜也换成了一副同样大小、圆框镜片的墨镜。萨克则身着一件花花绿绿的夏威夷衬衫，他开始喜欢上佛罗里达了，作为财务主管的宾得女士也逐渐顺眼些了。他一直没能鼓起勇气向她打听宾得先生的消息，她自己也从未提起过该话题。

关于核反应堆的谈判进行得不尽如人意。萨克的计划是以宇航局的计划为基础，该计划意图修建名为SP - 100的反应堆，旨在为月球基地提供能源，其规模恰好也适用于他们的酒店。在宇航局的规划中，来自反应堆的废水将被发射进太空，但在萨克的设计里，则是通过热水管循环利用为酒店供暖。遗憾的是，严禁核能科技出口的规定成了拦路虎。因为他们计划修建酒店的地方已被阿根廷宣布拥有主权，所以尽管在设计中未涉及任何机密技术，但在向国务院申请许可时仍碰了一鼻子灰。

不过，为解决此事，宾得女士动用了她的关系网，找到了一个变通方案：乌克兰海军有一艘陈旧的苏式核动力护卫舰。用当今海战标准来看，该舰既笨重又迟滞，且火力严重不足，在任何战场上都不过是一堆废铜烂铁，但它却搭载有源于苏军设计的核反应堆：简洁而粗暴，几乎无需保养。最重要的是，在卸除武器系统后，乌克兰人很乐意以仅比废铁价高一点的价格将其售出，只要买家保证把它带得远远的，绝不退回来即可。

"以美国标准来看，算不得高效，"宾得女士概括道，"但至少解决了如何将核反应堆送到南极的问题。"

"低效能反倒是个好处，"萨克说，"意味着更多被浪费掉的能源将以热能释放，我们正愁热能不够用呢。"

"这个点子尽管不错，"宾得女士说，"可当我们扩张之后，又得重新解决这些问题了。"

"走同样的路子不就行了吗？"萨克说，"俄国佬肯定还有不计其数的冷战垃圾没有处理。潜艇、航空母舰，谁知道呢？"

"我再去咨询一下。"宾得女士说。

"地段，地段，地段"乃是房地产界的至理名言。"对于酒店业，其重要性还要翻一番。"宾得女士说。

在游客最想要的特色清单中，企鹅位居第一，前往企鹅栖息地游览是最吸引游客的地方。当他们在一本名不见经传的科学杂志里找到一张企鹅粪便地图后，相关搜寻就变得容易多了。10万只企鹅在冬季筑巢区域的4个月内积累的排泄物，在卫星图片里形成了明显且易分辨的光谱信号，从而构成了海量的南极洲企鹅群栖地地图。

除此之外，他们还需要一个适宜滑雪的好去处，越往南越好，因为南部的山坡即使在盛夏时节亦是冰雪皑皑。滑雪场同样要有一个优良的港口，适合停泊货轮与游轮，也能玩水上摩托。最后，他们需要一处平地，大小足以容下9 000英尺长的飞机跑道，以便能用飞机带来游客，不过在酒店开张后的几年内恐怕还用不着。

米斯特里在阿根廷的联系人对赞助这家酒店满腔热情，将其视为强调阿根廷在此领土权利的良机。但是，在对地图及卫星图片仔细研究后，没有一处候选地段位于阿根廷所宣称的领土之内。

最终被定为首选的地段位于新西兰宣称的领土范围内，即阿代尔半岛南端的罗斯海旁。此处一侧依偎着横跨南极大陆的山脉，另一侧则拥有天然海港。

"无论如何，处于新西兰法律宣称的领土内总要好些，"宾得女士说，"大家都说英语，谈判会更加顺利。"

"你管他们说的话叫英语？"

"我们在新西兰已经有3家酒店了，"她说，"所需的许可都能得到。总而言之，我觉得进展不错。"她看着萨克。"这只是南极洲夏天的规划。你圣诞节有何打算？"

实际上，萨克收到了来自凯拉与萨拉丁的来信，一封真正的信！真有闲情雅致。不过他以前的电邮同他的公司与财政一样，早就翘辫子了，所以除此之外他们也没法联系到他。他们邀请萨克在节日期间前往拜访，可若是他们生活过得甜美，萨克过去只会情绪沮丧；而若是他们已分道扬镳——无论有何前嫌，萨拉丁终究是他最好的朋友——也只会让他更加沮丧。此外，他们聚在一起又能干吗？回忆逝去的美好时光？将那两人所有能申请到的信用卡和哭求得来的贷款花得精光，只为防止自己那还未开展的生意走向末路，可称不上什么美好回忆。

"没打算，"萨克说，"无事可做。"

✳

　　萨克发觉，南极之行的准备工作跟登月前的准备很像。他们的大本营搬到了新西兰因弗卡吉尔市的米斯特里奥雷蒂酒店，这是他所有连锁酒店中位置最靠南的。米斯特里将通过这家酒店，把游客送往南极。因此，这次远行从某种意义上来说算是为今后的旅游生意踩点。

　　从迈阿密起飞的维珍澳大利亚航空班机耗时三十多个小时，而飞往因弗卡吉尔的最后一站路则换成了新西兰航空。不过米斯特里给他们订了商务舱，而不必像等着上案板的牛羊似地挤在逼仄的经济舱座位里。为亿万富翁打下手还是有点好处的。途中，萨克一直在思考交通方式的问题，可否用飞艇将游客送往南极呢？想当初，兴登堡号[4]可是将乘客从德国送到了里约热内卢，那么从迈阿密去南极应该也行得通。于是他做了些计算并画了点草图。而宾得女士则大部分时间都在摆弄她的笔记本，至于在做什么，萨克一概不知。

　　到达之后，第一项议程即确定旅途的补给。有一份出自斯科特站的"推荐"补给清单，这个新西兰科考站将是他们的第一站。从内衣裤一层一层到外套，清单中所需的着装足有28件之多。每件都需先试穿，以确认其是否可以包裹住底下的衣服，并要足够宽松以便活动。

　　"这简直就像宇航服。"萨克抱怨道。

　　"这可是你自找的。"宾得女士说。

　　"微波加热可行吗？"他问，"我们可以用相控阵微波天线来发射低功率的微波为衣服供暖。在南极穿得如此臃肿毫无道理可言。"

　　"游客可能会被吓着的。"

---

4. 兴登堡号（The Hindenburg），1936年齐柏林公司为德国政府建造的飞艇舰队中最先进的一艘，也是当时人类历史上最大的飞行器，但来年在一场灾难性事故中被大火焚毁。

"反馈电路可确保不会发生过热，再加上吸收微波的护目镜，可确保微波不会伤害眼睛，那是身体上唯一会被微波影响的部位。"

宾得女士正在检查手套，奇怪的是，尽管萨克印象里她并非滑雪爱好者，但她仍准备了清单上大部分的极限运动服装。

"你知道，你大可不必参加这次勘探。"萨克说。

"多谢关心。不过在投钱之前，我还是想去实地看一下。有些东西在亲眼所见之后会令你大吃一惊。"

"我们一直在拍照，拍了不少了。没必要亲自过去。"

"没事，"宾得女士耸耸肩，"总不会比在珠峰建酒店那次的准备勘探还糟糕吧。"

萨克震惊道："你们曾想在珠峰建酒店？"

"我们找到了一处好地点。但最终估算得出的利润微薄，政府那关更难如登天，所以便不了了之。"

萨克说："还以为就我一人是疯子呢。"不过这倒说明了她那身御寒行头的来由。"我之所以选择南极，就是因为我觉得去珠峰太难了。"

在因弗卡吉尔这家酒店的街对面，是一块挂着企鹅图片的巨大广告牌，上有特大的口号："为了企鹅，救救南极。"萨克凝视窗外。"彩虹地球联盟的牌子，难道在杂志里反对南极酒店的那帮人知道我们在这儿？"

"管理该组织的人是安吉尔·厄斯，"宾得女士说，"他要是知道我们准备在南极建酒店，肯定能猜到我们首先会来这儿。"

"那不是他真名吧？"萨克说。

"不清楚。但谁都能猜到我们会住在这里。根据报纸上的描述来看，他是个厉害的家伙。也可能是个巧合吧。"

"怪瘆人的，"萨克说，"冲撞日本捕鲸船的家伙是他吗？"

"应该是另外一群人，"她说，"他们无非就是骚扰骚扰——坐着摩托艇绕着捕鲸船，然后用高音喇叭抗议几句。"

✳

　　他们乘坐的南行的船是一艘悬挂着澳大利亚国旗的破冰船，猫眼石星号。而一艘彩虹地球的船只也从港口起偷偷随行。

　　宾得女士招聘的助手队伍包括一名在酒店工作的土木工程师、一名极地地质学家、一名生物学家和一名飞行员。萨克被告知他们分别叫做阿散蒂、安妮塔、亚历山大和史蒂夫，但他却忘了他们的职位。要是有问题的话，随意向哪个人发问就好了。

　　离开布拉夫港的那天天气宜人，美得和在新西兰度假时明信片里的景色一样。萨克靠在破冰船船尾的栏杆上，凝视着后方。彩虹地球的船在1/4英里处的后头紧跟着，那是艘约100英尺长的船，其貌不扬但却动力充足，船身涂着橘黑相间的豹纹喷漆。

　　史蒂夫——还是亚历山大来着？——拿着一副从船员手里借来的望远镜在观察远方。"能看清横幅上的字吗？"萨克问道。

　　于是史蒂夫——如果没叫错的话——将注意力转移到横幅之上。"这面横幅上写着'人民利益高于一切'。"他放下望远镜，用手遮挡住眼睛。

　　萨克借来望远镜，他现在已能辨认出船名了，地球复仇者号，还能看见船两侧各悬挂着一艘亮黄色的十二宫牌气垫船。他曾在电视上见过这艘船，原本是艘退役的海岸警卫队巡逻艇，彩虹地球联盟将其挪作他用，专门骚扰油轮、捕鲸船和在保护水域作业的渔船。所有新闻报道中的彩虹地球联盟都是正面形象，现在被他们尾随的感觉颇为怪异。

　　"他们在跟踪我们，"他说，"应该不是巧合。"

　　"是啊。"史蒂夫说。

　　"看起来开得也比我们要快。"

　　"是啊。"

　　萨克将望远镜聚焦到船头一个男子身上。看上去三十来岁，蓄着长长的胡子，栗色的头发系成一条马尾，身穿一件带蓝绿漩涡图案的扎染衬衫。萨克说："那人在盯着我们。"

"谁？"

"安吉尔·厄斯。"

萨克向某船员说明了他们正在被跟踪的情况，可得到的回答却只是"我们注意到了"。萨克只得再进一步，但船长也只是告诉他说："海上行动是自由的。要是过几天他们还跟着，我再用无线电询问他们的目的。"

一旦驶入大洋，接下来的旅程就变得索然无味。萨克回到船舱，取出笔记本准备做点事。但船只随波颠簸，他很难将注意力集中到屏幕上，只觉得胃里翻腾。这趟旅程可有得熬了。

在当时去新西兰的航班上，萨克曾冒出来一个新点子：用冰来建造酒店。主结构当然不用冰，桁架用冷轧钢来做。冰则用来建造空隙绝缘层外的外壳，同时作为第二层绝缘层及加固层，其半透明的性质可使自然光进入。这将使整座建筑看上去更似自然的一部分而与景色融合为一体。在日光下光彩耀人，熠熠夺目。

而夜晚时分，则可将激光投射其上——一片金碧辉煌之势。

无论晕船与否，萨克必须得着手设计，以进一步充实自己的想法。于是他继续操作起电脑。

数天后，冰块开始出现在他们视野中。萨克之前从未想过冰山会呈现出如此令人惊愕的水晶蓝色，他如痴如醉地凝望着眼前的景象。宾得女士走到他身旁。

"这正常吗？"他问，"还是原本就一直是这个颜色？"

"我觉得很正常。"

她指向萨克的左边。"不过，你看错方向了。看那儿。"

他看向宾得女士所指的方向。"哪儿？"

"那座冰山的左边，看见水柱没？"

"哪有？"

"等下。好了，就现在——在那儿！看见了吗？是鲸鱼！"

"我的天啊。"

在第一批冰山出现后的某个时刻，地球复仇者号停止了跟踪。可能船长想避免撞上冰山这个船只杀手，又或者安吉尔·厄斯更喜欢追踪鲸鱼。

随着破冰船愈发接近罗斯海，南极洲的海岸线也隐约浮现在右舷方向，崎岖不平的山峰犹如远古巨怪嘴里寒光闪闪的白牙。他们与山脉擦肩而过，山峰一座比一座雄伟壮观。萨克从未见过这般景象，他对山的经验只限于阿巴拉契亚山脉上的山麓小丘。

与料想的不同，去往斯科特站的路上无需冲破浮冰。"今年是个暖春。"阿散蒂说。（她是那名极地地理学家吗？萨克思索着。还是飞行员来着？）海面上漂满了拼图板形状的冰块，但他们唯一需要砸开的冰却在船首轻轻一碰之下就碎裂了。"冰块通常不像这次这么薄。"

"对我们而言是好事。"宾得女士说。她旅途大部分时间都待在船舱里，也许是晕船比较严重，也可能只是在处理积压的工作。在驶向斯科特站时，她与其他人一起来到了甲板上。

下船后，他们乘上被称作"出租车"的交通工具走完了前往斯科特站的最后几英里。这辆出租车实际上是辆丰田运兵车，喷着大红色车漆，装备着雪地履带而非轮胎。斯科特站由数座石灰绿的建筑构成，杂乱无章地分散在一座山坡上。"他们怎么想的，选这种颜色？"萨克大声问道。

"易于发现，"宾得女士说，"以免迷路。"

"这可是座岛，能迷路到哪儿去？"

宾得女士耸耸肩。

"你要是觉得这地儿太丑，那应该去看看麦克默多站。"史蒂夫说。

"把这儿排除在酒店建址外算是审美上的明智之选。"宾得女士说。

在斯科特站迎接他们的是名身材魁梧的男子,他胡须浓密,与他身上橘色的羽绒背心差不多一个色儿。他管所有人都叫"伙计",并介绍自己是某博士,但口音太重,听来倒似一阵苏格兰颤音。随后大家将行李搬至各自的宿舍,小小的宿舍房间里放置有上下铺,上面还贴有圣诞节的装饰。

不过,他们不会在基地待太久。早晨时分——对于太阳几乎极少升上地平线的南极来说,是某种意义上的早晨——他们将进行极地实地训练,所有来基地的人都会被强制接受该门课程。随后,他们将登上一架海獭式飞机开展勘探。

训练完毕后,橘色胡子的科学家将他们送至跑道——一块由拖拉机压制而成的冰面。他一直喋喋不休地说,等萨克习惯了他新西兰口音中极短的元音发音后,听他说话就不成问题了。他总是强调自己有多爱南极,多爱他们在这里建酒店的想法,他觉得世界上所有人都应该来看看,还有,现在这季节的天气是多么温暖宜人。"这么说,你们准备在这鸟不拉屎的地儿瞅瞅新鲜了?"他说,"这天儿美得很啊,伙计。美得很。"

萨克可不觉得"美得很",不过他确实认为不穿多层大衣就会冻死的骇人警告有些言过其实了,根本不是实用的旅游指南,反倒会把游客吓得不敢来南极。斯科特站不比波士顿的严寒冷多少。

第一次勘探仅仅是俯瞰,萨克与宾得女士将在空中拍摄建址的照片,史蒂夫与阿散蒂分别担任驾驶与副驾驶。看来他们俩都是飞行员。

飞机是驾老旧的海獭式,装备着雪橇而不是轮胎,与营地里其他物品一样,都喷着亮绿色的喷漆。"这飞机太棒了,"史蒂夫说着,用拳头敲了敲飞机的一侧,"像石头一样皮实。现在都没有这么可靠的飞机了。"他抬头看了看天空。"要是气象预报能像样点儿就好了。不过看上去天还不错,出发吧。"

"气象预报怎么了?"萨克问。

"气象服务没法提供超过6小时的预报，"史蒂夫说，"我都不想说什么了。"

"那就别说了吧。"

阿散蒂也回答道："因为覆盖北美的气象卫星出了故障，也没有备用的——预算削减惹的祸，所以在新的卫星发射之前，本该覆盖南极洲的卫星被抽调前去顶替了。结果就是，气象学家们没法儿瞅见地平线那边的情况。"

"瞅见？"

"不好意思，"她说，"最近和新西兰佬说话说多了。"

"那么，"萨克说，"会有麻烦吗？"

"放心，"史蒂夫说，"用不了那么久的时间。"

他们做了一个飞行计划，但其措辞却刻意显得略为含糊：沿冰架及阿代尔角海岸进行航空调查。米斯特里严禁透露他们所挑地点的精确位置。简直就是发神经——没有哪家连锁酒店会开价和他们抢地的——但看上去宾得女士同意将此点作为行动的准则。

在空中俯瞰南极洲比在船上看去要更加奇伟壮阔。他们沿着横跨南极洲的山脉，飞越冰川雪原。从空中看去，与萨克之前研究的地图和卫星图片上的景象大为不同，他看见了好几处之前错过的好地段，他将地图与GPS放在腿上，每当看到一处适合建酒店或是适合旅游观光的地点，便做个记号。

2小时的飞行后，他们到达了先前确定的酒店建址。在史蒂夫驾驶飞机绕圈之时，他们纷纷向窗外拍照，并互相交换意见。山峰陡峭的北坡在地图上被他们标记为"滑雪山"，可上面却是怪石嶙峋，但南坡看上去很完美，有着一层厚厚的、光滑的雪。下方，山坡抬起成一块平地，其东面是一处没有冰雪的港口，南面则是一片皑皑的冰川。

"需要的话，我可以带咱们下去。"史蒂夫说。

"降落吗？"萨克说。

"当然，没问题。这飞机生来就是干这活的。那片冰川平坦得像熨衣板似的，你们就打算在那里建跑道，是吗？"

"是啊。"萨克犹豫地说道。

"那片冰川有两千年的历史了，"阿散蒂说，"足有100米厚，不必担心。支撑1架飞机的重量完全没问题，100架都行。"

"你怎么那么确定呢？"萨克问道。

阿散蒂看着他。"我是冰川地质学家，干的就是这行。"

"我还以为你是飞行员。"

"那个啊，"她说，"也算。"

"另外，右翼引擎的油压有点低，"史蒂夫说，"我正好也想检查一下。"

降落过程极为平稳，萨克甚至没意识到他们是在哪刻触地的。海獭式使用雪橇滑行了约1英里，逐渐停了下来，史蒂夫关闭了引擎。

雪约有1英尺深，但底下的冰层十分坚固。这儿没比斯科特站冷太多，不过由于没有山脉与树木阻挡，刮过冰层的风非常刺骨。萨克此刻更加理解御寒设备的必要性了，他戴上一顶配发的绒帽——在此之前他只是随身带着，却从未戴过——接着扣上大衣的兜帽罩住头。戴上护目镜后，唯一暴露在外的只剩他的鼻尖。他回头看看宾得女士，她刚从飞机的折叠旋梯上走下。"早知我们该带上雪地鞋的。"萨克说。

宾得女士拿起她的包。"我带了。"

与此同时，阿散蒂协助史蒂夫抬出来一架折叠梯，放置在右侧引擎一旁。"别走远了，"史蒂夫大声喊道，"这风刮得不妙，我检查下引擎后大家就回来然后离开这儿。"

"明白。"萨克走到雪地上，四周是一幅白茫茫的景象。"南极，"他说道，"我爱南极！"

宾得女士看着史蒂夫与阿散蒂，然后转向萨克，说："如果他这么怕我们有来无回，"她说，"干吗还降落呢？"

突然间，轰的一声巨响回荡在雪地上。萨克猛地回头看了看后头的飞机，但声音显然不是从那儿传来的。史蒂夫与阿散蒂同样在四处张望，同他一样一脸迷茫。整片雪地上毫无动静。"刚才他妈怎么了？"他问道。

"不清楚，"宾得女士说，"像是炮声。"

飞机那头，史蒂夫与阿散蒂的注意力回到了引擎上，他们像是拆了什么零件下来。

"看上去不太妙。"宾得女士说。

当他们回到飞机上后，史蒂夫与阿散蒂已经在里面了，史蒂夫正在用无线电满脸严肃地说着什么。"不，不是什么紧急情况，"他说道，"我们很安全。不过要是你们能来支援的话当然更好。"

阿散蒂转向他们。"是油泵。"她说。

"什么意思？"萨克问。

"废了。我们最后的差不多五十英里一直在漏油。我们没法起飞了。"

"太糟了，"萨克说，"你是说我们被困在这儿了？"

"不会一直被困。"阿散蒂将头倾向史蒂夫。"斯科特站没有配件，但他们让麦克默多站联系上了我们。他们会派直升机送一名机械师过来，这工作不难——应该一会儿就能解决。"

"那么我们得在这儿停留了，我想我们刚好可以勘探下地点，他们需要多长时间？"

"他们说等风暴过后就会立马过来。"

"什么风暴？"

阿散蒂指了指地平线，暗云正在聚集。"就是那个。"

他们收起折叠旋梯，将自己锁在飞机内部，风暴滚滚袭来。一瞬间天空仿佛凝固了，太阳消失在一堵白墙之后。

伴随风暴而来的是一阵震耳欲聋的轰鸣声。"简直像在被空袭。"萨克说。

"这不太正常，"阿散蒂说，"南极洲太冷，通常不会有如此多的闪电。"

机舱的温度骤降，以至于他们都能看见自己呼出的白气。史蒂夫打开左翼引擎，阿散蒂坐进她副驾的位置。

"你们不是打算在这种情况下起飞吧？"萨克喊道，他不得不竭力嘶吼以便他人能在这雷鸣声中听见。飞机的挡风玻璃似乎被刷上了一层白漆。

"就凭一个引擎？还是零可见度？"史蒂夫摇摇头。"我还没疯。但我们并没有固定在地面上，所以如果不保持机头指向风中，很可能会侧翻。"飞机在狂风中摇晃，史蒂夫基本在靠他的双脚控制飞机，做着细微的调整。"都闭嘴吧，让我集中精神。"

又是一声轰鸣，整架飞机突然倾斜。"他妈的怎么了——"

伴随着犹如末日火山爆发般的声音，地面倾斜了过来。飞机先是滑向后方，随后倒向一侧。史蒂夫奋力想将机头调正，但由于没有空速，他能做的很有限。飞机翻滚至一个可怕的角度，左翼先是向下，碰到地面，随后压弯、压折。当螺旋桨撞击到冰块上时，萨克感受到的比他听到的更为真切，一连串断断续续的颠簸晃动着整架飞机。

引擎突然熄火，四周碾压与撞击的声音愈发雷动。除了从窗外渗进的一束柔光，外面什么也看不见。但他们能感觉到飞机在滑行，以及掠过冰面时一侧机翼在刮擦。史蒂夫对控制住飞机已不抱什么幻想，但仍在竭力控制，做着调正机头的徒劳之功。

他们仍在向后滑行，直至嘎嘎作响的飞机狠狠地撞在后方某物上停了下来。

无论撞到的是什么，它都牢牢地止住了飞机。史蒂夫试了试无线电，它和飞机上的其他系统一样，已经废掉了。

✳

机舱内部已经降到了接近制冷的温度。所有人都穿戴着极端气候用的装备，蜷缩在各自的羽绒睡袋里。尽管还需一个月太阳才会落下地平线，但机舱里却是一片漆黑。虽然如此，萨克仍可借着微光瞥见史蒂夫与阿散蒂缩在同一个睡袋里。

新年来临了，萨克建议庆祝一下。

"我想你的队员们可没心情庆祝，亲爱的，"宾得女士说，"等到我们安全回去之后再说吧。"

"如果能安全回去的话。"史蒂夫咕哝道。

他们试图睡觉。风暴有所加强，但他们逐渐适应了在时不时摇摆的机舱里入睡。

到了下午，风的嘶鸣声开始平息，机窗完全结上了一层冰。等到风力降到只剩一阵阵呼声后，阿散蒂决定是时候打开舱门了。

海獭式翻的角度太大，以至于舱门得朝下而不是朝外打开。阿散蒂看了一眼，退了回来。"这边出不去。"她说。

飞机右侧只有一个很小的紧急出口，上面安装有一个灭火器。阿散蒂必须得爬上去开门，然后用手臂将自己支撑出去，萨克紧随其后，接着是宾得女士，最后是史蒂夫，他很不情愿地放弃了早已不中用的控制室。

一细股冰雪洒落在他们脸上。不过，在地平线东方的是一道光亮吗？萨克彻底丧失了方向感——看来风暴在减弱。

飞机翻了个底朝天，半截身子被埋在结实的积雪里，机身松松垮垮地栖息在一截20度的山坡上，右翼指向天空，左翼已经支离破碎，碎片如钢锥般嵌在冰里，正好挡住了飞机，从而使其没有滑下山坡下方最后的20英尺，坠入汹涌的海水中。

一马平川的雪原消失不见了，举目望去，最远不过一百英尺外的地方，都是一片汪洋。

"我们在一座冰山上。"萨克说。

海水很暗且汹涌起伏，翻滚的波涛拍打着冰山，将白色的水沫甩到空中，随后又平息下来。意识到现状后，萨克能感觉到脚下的冰面随着波浪的撞击在轻微旋转。四周是数十座，应该说是数百座冰山，边角有如粗切后的钻石般参差不齐，有的只有校车大小，而有的则大如山峰。

他找到一块平地坐下，看着扭曲变形的飞机。"发生了什么？"

宾得女士说："谨慎起见，还是将我们的设备从飞机里取出来吧。越快越好。"

所有人都盯着飞机，看上去它已经牢牢地扎进了冰里，不过随着冰山在波浪撞击下左右旋转，可以看得出飞机在轻微地弯折。

"我不觉得这是个好主意。"史蒂夫说。

宾得女士走回飞机旁。"至少得将帐篷拿出来，"她说，"还有应急物资。"说着她爬进了飞机。

"那女的吃了豹子胆了？"史蒂夫说，"还是脑子烧坏了？"

"她想的比我们要周到，"萨克说，"若飞机坠入海中，而我们又没帐篷，那会死人的。"他站起身跟了上去。

片刻之后，他的眼睛才适应了飞机里的阴暗，因波浪引起的机舱晃动现在看来似乎不大妙。宾得女士从阴暗里走出来，往他手里塞了一包东西。"拿好。"

他将自己撑出门外，找到史蒂夫，将包裹塞给他。"拿着！"接着又爬了回去继续取物资。

一阵地动山摇，他们脚下的冰面顷刻间倾斜。萨克没站稳脚，跌进了阴影中。有东西折断了，飞机滑动了足足5英尺，然后停住。"刚才怎么了？"他大声喊道。

"被其他冰山撞到了，"史蒂夫回喊道，"出来！赶紧！"

萨克一只手抓紧离他最近的物体，另一只手支撑自己朝一尺见方的门口处爬去。还没到门口，他脚下的地面便沉了下去，他能感觉到两座冰山擦蹭时产生的次声波振动，而随着两座冰山分离，地板又猛地抬起，飞机弹了起来。

这一弹几乎差点将舱门震得关上，萨克挤了出来，接着回头想帮宾得女士。

宾得女士口中咬着手电筒，双手拿满了设备。她用头示意了一下，萨克花了片刻才理解她的意思：别挡路。萨克爬出飞机走了出来，将手里的包塞给了史蒂夫，继而转身去拉宾得女士。

萨克发现，他拿出的包裹里装着6件充气救生衣。没什么用处，若是有人跌入水中，在被淹前早就会因暴露在严寒中而死了。宾得女士抢救出了一顶御寒帐篷，两套羽绒睡袋，和一盒应急口粮。

10分钟后，飞机朝大海滑去，另一座冰山漂了过来，于是这架海獭式被夹在了两座冰山的缝里。首先，它还悬着被钉在中间，随着波涛的推动，移动的冰山将机身扭曲挤压，直至最后一扭后，飞机消失在了下方的黑水之中。

宾得女士转向史蒂夫。"他们知道我们在这儿吗？"

史蒂夫迟疑了片刻。"不太确定。我们本该在他们准备派遣机械师来之前跟他们联系报告坐标的。"

宾得女士将头倾向飞机坠入的海水方向。

"看来，"史蒂夫说，"它应该没有发送出消息。"

萨克转向阿散蒂。"现在，能告诉我到底发生什么了吗？"

阿散蒂叹了口气。"冰川断裂了。"

"什么？"

阿散蒂仰坐在一块凸地上。"冰川其实就是冰的河流，由于冰架阻挡，这片冰川无法流向大海。有点像座天然的大坝。

"伴随足够久的增暖趋势——10年，或是20年，冰架不会过快地融化——冰架会从底下融化流走，最终导致冰川断裂。冰架不会缓慢崩塌，一旦崩塌开始，每一块碎块都会给冰盖的其他部分施加压力。断裂速度以指数递增，当冰架破裂后，一切便会分崩离析。"

"你不是说它有两千年的历史吗？"萨克说。

她耸耸肩。"所以，看得出，现在的气候比过去的两千年要暖和。"

萨克想了想。"那么，那个——是风暴引起的吗？"

"只是巧合，"阿散蒂说，"运气太差罢了。等等，也许不是——风暴潮必然给冰架施加了额外的张力，现在想想，这也可以导致断裂。一旦冰架破裂，便会给冰川施加压力，靠海的边缘则会断裂，那就是我们之前所听到的——像爆炸似的轰鸣声。那是我们四周冰层断裂的声音。"

"可你说冰层足有100米厚！"萨克说。

阿散蒂再次耸肩。"一旦发生，便是顷刻间的事。曾有过先例，另一处的冰川和冰架。那是在1995年，在冰层上的一组阿根廷科考队听到类似的声音。他们说听上去好像火山爆发一般，宛如世界末日。"

"他们最后怎么样了？"

"在冰盖破裂前就被直升机营救走了。"

萨克抬头看着天空。云层很厚且混浊，像是巧克力奶昔。云层位置很低，飘过远方的山峰时被切成一团团漩涡。

"可没有直升机来救我们，"他说，"我们被困在这儿了。"

突然间他冒出一个想法，他一脸猜疑地望着史蒂夫，这一切是不是来得有点太不凑巧了？出现问题的引擎刚好可以降落但却无法起飞，而他们恰恰又在一场没有预报的风暴来临前出发……

"你和他是一伙的。"萨克说。

"什么？"

"安吉尔，彩虹地球那帮人。一切都是个圈套，你故意将我们困在此处，以便要挟酒店的修建。"

"我像是玩命的人吗？"

萨克紧紧盯着他。"这算不上回答。"

"好吧，"史蒂夫说，"回答就是：没有。我没有故意将我们困在此处，我是傻子吗？我绝对没有故意将我们困在此处。没错，我的确是彩虹地球的成员，可我——"

"你是彩虹地球的成员？"宾得女士说，"难怪他们对我们的行踪了如指掌。"

"好吧，是的，我是其中一员，但听着，让飞机坠毁的不是我。再说，安吉尔·厄斯也不是坏人，给他个机会。"

"什么叫给他个机会？"萨克言辞尖刻地说道，"我们要死了，谁的机会也给不了了。要完了，他才是赢家。"

"听。"史蒂夫说。

正当史蒂夫开口之际，一阵微弱的声音闯入了萨克的意识。在风声减弱的间隙，他断断续续地听到了该声音，但是识别不出来自何物，只是夹杂在风啸与相互摩擦的冰山发出的隆隆声中的一阵噪音。

萨克转身从他抢救出的包中拿出一件救生衣，撕开塑料膜，然后用力扯开绳索。一声轻轻的敲打声后，橘黄色的救生衣充上了气，领子上细小的闪光灯像闪电般穿破了阴暗。

他朝着头顶挥手，此时风速迟缓了下来。在这瞬时的宁静里，所有人都听到了那个声音，从远方传来，不过却在逐步增大，是发动机的声音。

在前方一座冰山的两侧，一艘，又来一艘，两艘十二宫牌气垫船迎风破浪向他们驶来。

气垫船将他们带至巡逻艇，安吉尔·厄斯在甲板上欢迎他们。他的胡须是栗色的，眼神凌厉，看上去很享受这样的气候，仿佛天生就是为南极而生的人。他用一个特大热水壶给每人倒了一大杯热茶，让大家叫他"安吉尔"就行，并纠正了他们的发音，然后带领他们来到船尾一间大型舱室里暖下身子。

茶很甜，似乎有一半是奶，萨克从未这样喝过茶。在他看来，这是他喝过最美味的茶。

他们卸下身上的御寒装备，裹上安吉尔提供的厚棉被。史蒂夫看着萨克，萨克则看着宾得女士，后者点头示意他开口说话，他看向墙壁，上面贴满了海报，有些写着"为时未晚"与"拯救地球"这样的话，另一些则是雨林与沙漠之花的照片。

"我们，"萨克说，"欠你个人情，厄斯先生。谢谢你救了我们。"

安吉尔笑道："是的，在这里我们得学会互帮互助。"

"不过我很奇怪，"萨克说，"为什么你要救我们？"

"我们可没那么心狠。"安吉尔面露一副夸张的震惊之情。"我们和麦克默多站取得了联系，他们称失去了你们飞机应答机的信号，他们自己都被暴雪困住了，但还在担心你们的麻烦，所以我说我们来瞧瞧，提供力所能及的帮助。"

"感激不尽。"

"不用客气，"他顿了顿，"你们为米斯特里先生工作，对吗？"萨克点点头。于是他继续说道，"酒店，"他停顿了一下，显然陷入了思考，"南极酒店，这想法绝了。"

"是啊，"萨克说，"现在看来，真是个愚蠢的想法。这里根本建不了酒店，太恶劣了。"

安吉尔·厄斯挥挥手。"荒唐。过些时日，就会一片晴天碧空，让人过目难忘，你不会相信那是同一块大陆，你会回心转意的。"

萨克盯着他。"但我认为——"

"我读过你发表在《宇航学报》上的论文，"安吉尔继续说，"比较南极与月球基地建酒店异同的那篇。"看到萨克一脸茫然，他接着说："怎么，你以为我只读《自然》杂志吗？你有些不错的想法，你的思考方式我很喜欢，特别是我们必须学会如何让生态系统运作起来的想法，如果能做到，便能领悟到这颗星球的美丽，以及万物共存的原理。"

安吉尔·厄斯紧盯着萨克。"刚听闻你们建酒店的流言后，我不是很确定，于是在杂志上写了篇文章，试图摸清对此事的思路——这是我的行事风格，用写作来理清思绪。而得到的反馈让我甚为惊讶，有人反对，但超过半数的回信却是在问酒店何时开张，在哪儿订房。

"我的读者热爱你的酒店，塞尔尼先生。所以我想，没准读者是对的呢？也许这是件好事。让人们真切体验南极洲、生态系统、冰雪，以及这一切的内在联系，不正是我们奋斗的目标吗？将南极洲束之高阁，变成无人能及的禁地并不正确。只要做法得当，像月球基地般自给自足，且不像过去几千年来人类所做的那样糟蹋南极大陆，便可成为全世界的范例。

"建造你的酒店吧，塞尔尼先生。"安吉尔·厄斯的目光直盯着萨克的双眼。"做出我们的范例，我们需要你。"

萨克低下头，米斯特里的座右铭是什么来着？别人的过失，自己的成功之类的。

窗外，天仍很暗，但地平线附近冰山之上的一行天空呈现出一抹灿蓝，在阳光下熠熠生辉。

"我们会尽力的，"萨克说，"会尽力的。"

⏱9'

身为一个胖子，
我设计了一款
健身应用

作者
娜奥米·奥尔德曼
（Naomi Alderman）

译者
梁涵

There's No Morality in
Exercise: I'm a Fat Person
and Made a Successful
Fitness App

当我刚开始设计这款健身应用时，有一点让我很担心：人们迟早会注意到，我是个胖子。

真的，这感觉挺奇怪的，因为我是个胖子。这是一个无可逃避的事实，除非我将自己完全隐藏起来。所以我到底在担心些什么？我想我是怕人们看到我在 Kickstarter 众筹网站上放出的视频后，可能会对我破口大骂，他们也许会愤怒地给我留言或是发邮件，斥责道："和其他任何话题相比，在这个话题上，你最没有发言权，胖子谈健身和修女聊性爱有什么区别？"你们看，仅仅从这个比喻来说，我自嘲的话估计比其他任何人骂我的都难听。在我看来，胖子们都习惯这么干，在别人损你之前，先用力自嘲一番。

事实上，后来网络上的确出现了一批叫骂者。游戏公司 Six to Start 与我联合发布了《有僵尸，快跑！》（*Zombies, Run!*）这个项目，它是一款浸入式游戏，玩家需要靠奔跑摆脱一群虚拟僵尸的追杀。迄今为止，已有超过 100 万玩家购买了这款游戏。我们也在互联网上得到了极大的关注。这款游戏的"大名"出现在网络报道、推特和转发、Reddit 评论及其他很多网络媒体上。绝大多数人给出的评价都是正面的，不过也有少数人在抱怨："它根本不管用"，还有些

身为一个胖子，
我设计了一款健身应用
There's No Morality in Exercise:
I'm a Fat Person and Made a
Successful Fitness App

179

人会说："哈，那个女的特别胖！一个胖妹竟然设计了一款健身应用。"

我想，这时候我应该回应："哦，你们随便说，我不介意。"可老实讲，这真挺伤人的。我也希望我不介意，可我拥有艺术家的敏感特质，我并非撒切尔夫人那样的铁娘子，做不到完全控制自己的情绪。我能做的只是化悲愤为力量，设计出更好的产品。对我来说，最难熬的是即便我的自嘲能力已经够强了，可我在此之前也从未遭受到如此大量的辱骂。每次我都会觉得自己又回到了校园操场上，等待着来自同学们的冷嘲热讽。

除此之外，从大众文化的角度，像我这样的人也是被区别对待的。我看起来的确就像是电影或电视里出现的那种人，从来不锻炼，从没去过健身房，用他们的话说，就是"连自己的身体也照顾不好"。很长一段时间里，我对这种说法深信不疑，觉得它说的就是我这样的人，直到我意识到肥胖——我所理解的肥胖——是与之全然不同的。

上学时，我讨厌运动。几乎所有同学都讨厌运动。

我从未遇到一个人讲过这样的话："啊，太好了！上学的时候我最爱的就是体育课了。"似乎人人都不愿参加体育类比赛，人人都讨厌体育老师。也许，事实上，如果你其实不这么认为，你就得学会保持沉默。也许，我最近结交的朋友也恰好都是敏感艺术家类型的。

其实，我有偏头痛的毛病，从小就这样，我父亲如此，祖母亦如此。不过那时候，他们管这毛病叫伴有呕吐的头痛病。年少时的我是个坚强的小姑娘，努力挺过了每节体育课，整整10年里，我的偏头痛每周至少会在运动后发作一次。我还经常在体育课后呕吐不止，上课时突然发病也是常事。但没有哪个老师在意过，原因显而易见，我是个胖妹，所以解决办法理所当然就是多运动。事实上，鉴于他们如此冷漠，我甚至有点怀疑，他们是否觉得肥胖是一种罪恶，而不明就里地让我多运动和我那倒霉的偏头痛是我应得的惩罚。我得知体育课不再是必选课程的那天，是我人生中最高兴的10天之一，记忆中，那天的阳光是金色的，我简直兴奋得要冒泡。学校里的经历让我充分认识到，运动是以一种煞费苦心的方式对人进行折磨。

读大学时以及刚开始工作的几年里，我故意不去运动，并且以此为乐。因为我所知道的所有运动形式在我看来无疑都是折磨，因为我真的不懂，胖人除了减肥还有什么运动的理由，因为太多人劝我去减肥，我已经对此感到厌倦了。后来，我运气不错：虽然我找了一份相当乏味的工作，但办公室的地下室里设有一处几乎无人问津的健身房。我发现，我可以在午餐时间去那儿待上45分钟，远离那些多半与我相处得并不融洽的同事，远离我的电脑。正是在那儿，我发现我竟然也可以享受运动，只要不是以参赛的形式，因为我总会令人失望或者落得倒数第一的名次。终于，我感受到了运动带来的快乐。

但这其实并不能构成我运动的理由，毕竟，有些人只需要买上一堆小说，然后窝在咖啡厅的角落里，就能打发午餐时间了。我想，真正的原因也许是这样的：我的身体渴望运动。每当看到电视上的人们跳舞、跳跃或者翻筋斗，我总会羡慕他们的运动能力。我的身体也渴望运动，就像一只在门口激动得边转圈儿边咬自己尾巴的狗，盼着主人带它出去散散步。是我的身体逼迫我去运动。

因此，我在二十出头的年纪时，每周去健身房4次，将我的心跳频率提高到最高极限的70%到80%。我每周游泳2到3次，还进行负重训练。后来我搬到了曼哈顿，每天下班都步行回家，路程大概有4英里。

我知道，故事讲到这里，接下来我该说，"然后我的体重就减轻了"。可事实并非如此。据我所知，坚持运动的整个过程中，我一磅也没有轻。我知道有些人运动后会瘦，我们每天都会收到很多使用我们的应用减肥成功的用户发来的邮件，如果减肥是他们的目标，我很高兴能够帮到他们。可这种好事从未在我身上发生过。不，发生在我身上的变化其实更妙：我开始接受我的身体了。我感觉更棒了，这种感觉真不错。作为一个经常运动的胖子，和一个几乎从不运动的胖子相比，这感受是全然不同的。这种感觉就像在经历一场爱情，简单且愉悦。

从那以后，我尝试过多种运动方式。我很喜欢负重训练。我参加过仅限女孩参加的夜间舞会，骑过马，练过瑜伽和普拉提，在海里游过泳，徒步穿越过北极冰川。我还报名参加了一项名叫"5公里跑"的课程。大部分情况下，这些运动我都完成得很糟糕，我的速度最慢，协调性最差，还最容易感到疲惫。但我不介意，我不为炫耀自己有多强，我只是爱运动、想运动而已。

在设计《有僵尸，快跑！》这款应用时，我有意在首次任务中设置了一句

身为一个胖子，
我设计了一款健身应用
There's No Morality in Exercise:
I'm a Fat Person and Made a
Successful Fitness App

181

台词。你，也就是游戏中的主角"5号玩家"，刚来到僵尸爆发后人类的最后一处避难所亚伯镇，其中一个角色会告诉你："如果你比瘸腿僵尸跑得快，我们就会收留你。"我之所以这么做，是因为太反感那种只向拥有最佳体态的用户们提供额外锻炼福利的游戏模式，厌倦了享受锻炼的乐趣还需要努力去争取的事实，厌倦了根深蒂固的偏见：只要你身材不够好，运动给你带来的感受若非巨大的痛苦，便是乏味和无趣了。可你的身体你做主，你不必努力去赢得什么。这款健身应用是给普通人的一份礼物。每次踏出房门去户外做运动时，你都是英雄。

如今的我认识到，如果我不是个胖子，如果我感受不到那些挣扎和沮丧，我是不可能设计出这款游戏的。保持着健美体格的人们热爱竞技性团队体育项目，他们想出了计时器、健身比赛和个人最佳成绩这些"馊主意"。但对绝大多数人来说，竞技类运动并不有趣。如果你知道自己永远赢不了，那这场竞争还有什么意思？如果你知道自己的表现会让所有队友失望，那参与团队比赛还有什么意思？"更高、更快、更强，感受热量在燃烧"的口号并不适用于我们这些只想正确使用我们的身体并与其和谐相处的人。讲得更明白点，运动本身无关道德，别管那些杂志上怎么说。不论你运动或者不运动，都不会因此变得更好或更差。

我真的很爱我的身体，虽然我是在多年之后才做到这一点，但现在我做到了。我爱它就像爱一个老朋友，它会永远支持我，尽全力帮助我完成一切我想做的事，并且不求回报。它就像一条陪伴我一路探险的忠犬，总是兴奋地摇着尾巴。每次去户外散步，到健身房运动，舒舒服服洗个澡，享受甜蜜的性爱时光，在音乐中起舞，进行负重训练或者一天劳顿后窝在床上休息，它总会热情高涨。这就是我胖胖的身体，通过运动，我学会了如何爱它。

我明白了一点：我听到的那个故事是假的，身为胖子并不一定意味着整日坐着边吃油炸芝心披萨边看电视。还有一个故事也是假的，像我这样的人并不一定讨厌运动。甚至在真正了解自己之前，你在各类媒体和演讲中所看到的、听到的一切就轻易对你下了定义，而我本人就深受其害。

真正重要的是我设计了一款相当不错的健身游戏，它帮到了很多人。其中大部分人似乎并不在意我的身材如何。而且，我越想就越觉得这种观念荒谬、危险,越为此感到万分难过:我们竟然把运动视为与他人或自己的竞争。这和抱着比赛的心态去经历爱情、欣赏日落、聆听音乐、陪伴家中长辈、享受沐浴有什么区别。我们之所以会去做这些事,是因为它们有益,因为它们能让我们感觉良好,因为它们是丰富多彩的生活中充满乐趣的一部分。我的身体,你的身体,我们所有人的身体,都是这多彩生活的一部分,与自己的身体和谐相处,便是享受生活。

我喜欢僵尸爆发后的世界末日这个设定,也许在那之后,人们会更多地思考是什么让生活更有价值,而不是沉迷于无意义的竞争。总之,那时候人们不会再有闲工夫推托说自己不是运动的那块料。每位幸存者都是不可或缺的,每个人的内在价值都会显现出来。不论你能做什么,即便只是比瘸腿僵尸跑得快一点,人类也需要你!

宅人攀岩记

⏱9'

作者
阎佳

"坚持攀岩打开了我的心理舒适区。
过了多年近乎宅人的生活，
这样的变化让我欣喜若狂。"

初识攀岩

第一次与攀岩相遇，恰逢我在体育锻炼领域路路断绝。多年无规律的自由职业生活，每天十多个小时埋首敲打键盘，让我的背部剧痛无比。我试过理疗，有效，但每周需要3次，经济上无从负担。运动方面从跑步、骑行、器械、游泳到乒乓球、羽毛球，常见的活动都试遍，一来背痛没有特别明显的改善，二来我对这些运动没有一见倾心的真爱感，难以坚持。

那堵岩壁非常简陋，是某商场搞活动临时在大厦外墙架了一块木结构的岩板。岩壁十来米高，有四条路径：一条是垂直的，最简单；有两条略有斜坡，较难；最难的一条路有个向外突出的大屋檐。岩板上布满花花绿绿的岩点，看起来煞是有趣。有教练在做表演，身轻如燕地上下左右腾挪，甚至倒挂在突出的大屋檐上，比蜘蛛人还要潇洒。我一时间心动，主动要求试试身手。

对于没有攀爬经验的人士，教练推荐我爬垂直的那条路径。规则十分简单明确：想出一切办法，努力爬到最高处。我穿上安全带，换上白网鞋，教练检查了我身上的绳索，提醒我攀爬技巧：岩壁上所有的点都可以用，踩得住哪个点就踩哪个，哪个点好抓就抓哪个。

听指导的时候，我略有些不以为意，一是因为教练的演示太轻松，二来从地面往上看，岩壁上安装了那么多点，心想无论如何也能抓得住。上墙之后才意识到一切都是陷阱。岩点虽然大，但却不一定好抓，有时候甚至遇到大如包子的岩点，表面像鸡蛋壳般浑圆光滑，无处下手。我一时间手脚四肢都僵硬了，趴在岩板上动弹不得，这时离地面大概才不到一米高。教练指导我说，深呼吸，身体放松，胳膊得伸直，髋部往墙上贴，用脚发力向上蹬。他说得轻松，我却做不出来。因为害怕失手，我紧紧地抓住每一个看起来好抓的岩点，在向上攀爬的过程中，胳膊一直呈半弯曲锁定发力的状态。至于髋部，根本不听使唤，无论如何也无法贴住墙面，而是狠狠地往外撅着。明明应该脚尖踩点，但脚尖怎么也踩不住，我只好把脚横过来，用足弓踩点。从背后来看，我当时的姿态一定类似于一只翘着屁股的青蛙：紧张、扭曲、七拱八翘。

教练在岩壁下大声鼓励："抬左脚！"我在岩壁上却毫不自知地抬起右脚，找不到合适的地方搁置。教练又喊："肩膀放松，手不用抓那么紧！"而我的胳膊肘应声蜷曲，锁得更厉害了。磕磕绊绊中爬到五六米高，我双手酸痛，眼睁睁地看着前臂的肌肉像电报机一样克制不住地颤抖。这时候，教练的声音已经听不太清，我自己的心跳声却分外响亮。我索性跟随身体的感觉：找大点，出手抓；锁死胳膊，抬脚，站起来；找大点，出手抓。大脑似乎是空的，又是满的。我一步步往上爬，每做一个动作，都像身处电影里的慢镜头。我产生了一种以前从没体会过的力不从心感：很想控制自己的肢体，却难于让它按照我的想法移动。

也不知过了多久，时间和空间都恍惚了，我竟然挣扎着来到了岩壁的顶点。手和胳膊彻底脱力，双脚一软，人掉了下去，教练用绳索缓缓把我降到地面。我如大醉初醒，问教练我在岩壁上待了多久。教练说，也就不到5分钟。

我突然意识到，这就是心理学家契克森米哈赖（Mihaly Csikszentmihalyi）所说的"心流"（flow）：全情投入地做一件事情，并在做的过程中感到紧张、乐观和幸福。他认为攀岩是实现"心流"最有效的途径之一，因为它目标明确（向上攀爬到岩壁顶端），行为方式有既定的规则（想办法用正确的发力方式攀爬），在进行过程中能获得及时的反馈（动作准确，点找得好，就能顺利出手；找不对点，动作不对，有可能从岩壁上落下，无法完成线路）。就在意识到这一点的同时，我决定更深入地参与这项活动。

"抱石"进阶

在教练的介绍下，我找到了岩馆。这里的岩壁不如室外的高，只有四五米，地上还铺着厚厚的泡沫垫。训练时不需要带安全带，攀爬方向也多以横向为主，纵向为辅。这里的教练告诉我，这是运动攀岩的一个分支，叫"抱石"（或"攀石"），只需要一双软底白胶鞋（随着技能的提升，以后会变成专业的攀岩鞋，更便于踩点），一个装镁粉防手汗用的粉袋，就能享受攀爬的乐趣了。

抱石的活动规则跟爬高岩壁略有不同。目标不是爬到顶，而是预先规定若干个点，攀爬过程中手脚只能使用这些预定的点，攀爬者想做什么样的动作，以怎样的形式抓点都无所谓。只要能爬到最后一个点，双手合抱稳住身体几秒，就算完成攀岩线路。

我发现在这种规则下，线路难度可以随意设计，比向高处攀爬更有意思！举例来说，作为新手，教练会给我指定若干个好抓好踩的大点，先让我按自己的想法爬。在爬的过程中，我会发现，为什么两个点相隔这么远？我的手为什么抓不到下一个点？我的腿为什么打不开？脚为什么踩不住？等我自己试爬完毕（很可能无法完成线路），教练会上线做示范，告诉我在哪一个点做什么样的动作，让身体更加舒展，手臂伸得更长，脚踩得更稳。

因为离地面近，不用担心脱手落地，我便可以更加专注在指挥身体行动上。省力高效的动作和出于直觉做出的动作不一样，有时候，两者甚至截然相悖。比如刚开始练，手一抓点，就爱耸起肩膀，肘关节弯曲。这个动作在心理感觉上仿佛抓稳了，其实特别费力，爬不了一会儿手就酸痛了。相反，省力的动作是手臂伸直，肩膀下压，脚尖踩点，脚跟用力下蹬，膝关节微微弯曲，身体的重心放在臀部，整体感觉类似半蹲的姿态。用这种舒展的肢体姿态攀爬，爬得更轻松。还有的动作在现实生活中使用的情形较少，第一次做，会让人觉得自己做不了。比如屈膝、抬腿、将脚抬起到自己腰部位置的点。教练最初让我做这个动作时，我大叫着说："做不到！我的韧带没这么好！我的脚最多能抬到膝盖的位置。"教练说，也许硬抬确实抬不了这么高，但可以试着往起脚的对侧方向倾斜身体。比如抬左脚上点，人就往右侧略倾，这样起脚的幅度就不用太大。一试，果然如此。

掌握了基本的动作和发力方式之后，攀岩变得越来越好玩。我开始跟小伙伴一起攀爬指定的线路，开始自己思考和设计动作，为小伙伴指定线路。线路的难度可以自由调控：手抓不住小点，可以在同样的位置换个略大的点；或者身高不够，怎么也抓不住太远的点，那就换一个距离近些的。动作保持不变，但对身体的要求就低了很多。

身体的变化

我大概每个星期训练1到2次。如此练了半年后，我发现自己的身体出现了一些跟之前完全不同的变化。

最明显的变化之一：背不痛了。曾经痛到一个星期里要去理疗三次的背，居然不痛了。

最明显的变化之二：能做引体向上了。从初中之后，我就再也没顺利拉起过哪怕一个引体向上。如今，我竟然可以正握、反握、对握、窄距、宽距、超宽距——各种引体全无障碍。

最明显的变化之三：我再也不是弓腰驼背含胸的内向壁花（wallflower）少年，整个人的精神气质焕然一新。精神气质的变化，很难用具体的指标来衡量，往太玄了说又显得不够诚恳。这么说吧：更敢于进入陌生的环境；更乐意与陌生人交谈；在逆境时有更好的应对心态。坚持攀岩打开了我的心理舒适区。过了多年近乎宅人的生活，这样的变化让我欣喜若狂。

最后，我还一度患上了"看见所有的墙都想爬"综合征。看到《碟中谍》里汤姆·克鲁斯徒手攀高墙，不再觉得有多难，而是心里想着："其实我也能做到。"

经过多年的观察，我发现，很多技术系人士真的是内向得连第一步都迈不出去。又或者在根本没亲自尝试过之前不停地打听细节，不停地问。他们最终连试试看都没有，就以"这么难的运动不适合我"为由放弃了。如果你有这个问题，我强烈建议你先不要想太多，冲上去试过再说。

虽然我国普遍认为攀岩是"极限运动"，但室内攀岩和室内抱石，其实都是非常安全、健康的体育锻炼方式。跑步半年膝盖积水，骑车半年伤了半月板，羽毛球打了半年腰拧了，踢足球被人铲断小腿，打街头篮球弄肿手指——这样的案例，我听说的已经太多了。而室内攀岩的风险，并不比上述任何一项运动更大。如果在教练的指导下系统化入门，说它的风险更小也是可以的。

"攀岩需要天赋么？"第一次攀岩返回地面后，我问教练。教练笑而不语，反问我："你觉得好玩吗？"我连连点头。"对一件好玩的事情，你只管开心玩就好了呀。就好比在手机上玩'俄罗斯方块'、'连连看'，你会考虑自己有天赋吗？"

进入攀岩的巨坑很多年以后，我终于明白了当年教练对"天赋"的笑而不语。其实攀岩是需要天赋的。如果你长得高、力量大、动作协调、柔韧性好、弹跳力强，你是有天赋的。但相比于热爱和坚持，天赋又不那么重要。一年又一年，我见过太多有天赋的年轻人练习攀岩又半途而废。在攀岩的世界里，我没有任何一个方面可以称得上有天赋：长得不高、四肢相对短、动作不协调、柔韧性不好、没有弹跳力……但在较长的时间段里，我比那些有天赋却半途而废的人爬得更好。

图书在版编目（CIP）数据

离线·机器觉醒 / 李婷主编. -- 桂林：广西师范大学出版社，2015.9

ISBN 978-7-5495-7177-2

Ⅰ.①离… Ⅱ.①李… Ⅲ.①人工智能-研究 Ⅳ.①TP18

中国版本图书馆CIP数据核字(2015)第210882号

广西师范大学出版社出版发行

桂林市中华路22号　邮政编码：541001

网址：www.bbtpress.com

出　版　人：何林夏
出　品　人：刘瑞琳
责任编辑：陈凌云　赵雪峰
装帧设计：杨林青

全国新华书店经销

发行热线：010-64284815

山东临沂新华印刷物流集团有限责任公司

临沂高新技术产业开发区新华路　邮政编码：276017

开本：720mm×1000mm　1/16

印张：11.75　字数：250千字　图片：148幅

2015年9月第1版　2015年9月第1次印刷

定价：45.00元

如发现印装质量问题，影响阅读，请与印刷厂联系调换。